U0343038

数 学 思 维 启 蒙 书

数学宝盒

从入门开始培养数学思维

何辉　·著

四川人民出版社

图书在版编目（CIP）数据

数学宝盒：从入门开始培养数学思维/何辉著.
—成都：四川人民出版社，2019.2
ISBN 978－7－220－11086－3

Ⅰ.①数…　Ⅱ.①何…　Ⅲ.①数学－儿童读物
Ⅳ.①O1－49

中国版本图书馆 CIP 数据核字（2018）第 244557 号

SHUXUE BAOHE：CONGRUMEN KAISHI PEIYANG SHUXUE SIWEI

数学宝盒：从入门开始培养数学思维
何　辉　著

选题策划	吴　浩
特约编辑	谭英琼
责任编辑	李淑云
封面设计	张　妮
内文设计	张　妮
责任校对	韩　华
责任印制	祝　健
出版发行	四川人民出版社（成都槐树街 2 号）
网　　址	http://www.scpph.com
E-mail	scrmcbs@sina.com
新浪微博	@四川人民出版社
微信公众号	四川人民出版社
发行部业务电话	（028）86259624　86259453
防盗版举报电话	（028）86259624
照　　排	四川胜翔数码印务设计有限公司
印　　刷	四川机投印务有限公司
成品尺寸	145mm×210mm
印　　张	5.25
字　　数	110 千
版　　次	2019 年 2 月第 1 版
印　　次	2019 年 2 月第 1 次印刷
书　　号	ISBN 978－7－220－11086－3
定　　价	28.00 元

序

思想是宇宙的真子集吗？

几年前的某一天，我的脑海中冒出了这样一个问题．对于这个问题，我至今也未找到答案．这个问题，似乎是一个哲学问题，其中包含一个数学概念，还有一个物理概念，因此，似乎也像是一个数学问题或一个物理问题．

在此，我并不想回答这个问题．或许，思想是一个非集合，宇宙也是一个非集合．将这个问题摆在读者面前，是试图借这个问题，揭示（也许说："暗示"更为合适）实在世界（如宇宙）、数学世界（真子集这一概念就属于数学世界）和思想世界（或者说想象世界）之间存在的神秘联系．

在说明数学世界、思想世界及实在世界之间具有的这种神秘的联系时，我常常会有用一数学概念——如"射影"、"反函数"等——来作比喻的冲动，比如：数学世界仿佛是实在之中的美与秩序在思想世界之中的"射影"；数学世界与实在之中的美与秩序之间仿佛有一种互为"逆函数”的关系．

如果数学是通往实在的一种手段．我们就可利用数学去探索、去发现、去理解实在中包含的美与秩序．我们对数学的运用，就仿佛是将实在中的美与秩序"反照"到我们的思想之中．在我们运用数学进行思想的过程，我们的思维也有机会去靠近美与秩序．如果我们把这种思维称为数学思维，那么它一定具有严密、精致、美妙的特征．

撰写这部数学入门小书，是希望学习者（尤其是小孩子）能够从一开始就体会到数学中的美与秩序．

本书不像有些数学书那样设置大量的习题并要求读者进行大量计算（当然解题与计算不是不重要），而是重在讲解数学中的规律，重在培养抽象的数学思维．本书的内容安排，尽量做到深入浅出（随文提及的相关文献往往是比较难的，可供有兴趣者深入研读）、从浅到深、由易到难．书中带"＊"的章节较难，"＊"越多、难度越大，但初读时可以跳过．

有些数学书入门书让读者觉得太难，往往是因为在本该进一步解释的地方，作者想当然地认为很简单，便一笔带过．如此一来，便可能在学习者的思维中，制造出未能打通的"节点"，从而影响学习者数学思维的形成，渐渐磨损学习者对数学学习的兴趣．

本书则尽量在那些看起来似乎简单实际却可能造成理

解困难的环节处，做出更详细的、更透彻的解释，以期在细微之处带给学习者豁然开朗的感觉.

因此，如果读者在为孩子或为自己选购数学入门书的时候，曾经产生这样的困惑——不是觉得太难就是觉得太简单了，那么这部小书或许是一个不错的选择.

本书原来的书名是《数学宝盒：给孩子讲数学》，出版时，改为《数学宝盒：从入门开始培养数学思维》. 读者可从原定书名与后来的变更中，看到我撰写此书的最初目的与期望所在.

何辉

2017/9/26

数学宝盒

目录

正整数

孩子总是用好奇的眼神看着周围的世界．一个苹果、一块糖、一个布娃娃，很多小东西都会引起他们的兴趣．用一个个可以彼此独立摆放的物体来说明正整数是很容易被孩子理解的．

正整数：1，2，3，4，5，6，7，8，9，10，11，…

·1个点

··2个点

 1个苹果

 2个布娃娃

0

"0"这个数字,是可以看作是一个中性数的.它不是正整数,也不是负整数,但它是整数.

通常来说,"0"表示没有.在数学中,"0"可以表示起点、正数与负数的分界点、数轴上的原点、笛卡尔坐标的原点;还可以表示某个数的某一位上一个计数单位也没有,比如608这个数的"十位数"的数位上有数字"0",0表示这个数位上一个计数单位也没有,或者说是用"0"来"占位".

据说,"0"这个数学符号是由古印度人发明的,后来传到阿拉伯地区,再后来渐渐被全世界采用了.

自然数

什么是自然数？一般有两种看法.

第一种看法是：自然数包括正整数和0.

第二种看法是：自然数即正整数.

国际数学界一般认为 0 也是自然数，目前中国中小学数学教材也把 0 视为自然数.

自然界中，物体一般是以整数状态存在的；或者说，自然状态存在的事物一般是用整数来计数的.

苹果总是一个一个自然生长出来的．树上一般不会长出半个苹果来.

1 个苹果

鱼总是一条一条游在水中的.

2 条鱼

数 的 定 义 ***

斟酌再三，我还是决定要在简单讨论了自然数之后补上"数的定义"这一节内容．严格意义上说，这个问题属于数理哲学范畴，而不属于普通数学范畴．德国数学家、逻辑学家、哲学家弗雷格（Cottlob Frege，1848～1925）和英国数学家、逻辑学家、哲学家罗素（Bertrand Russell，1872～1921）曾经深入探讨过这一问题．

在回到普通数学之前来讨论数的定义，是因为我相信对这一问题的思考，将有助于数学学习者在数学入门之时便获得一种深刻的启发，从而开拓抽象思维的"世界"，培养数学思维的精密与严密．（这正是本书的写作目的之一．）正如罗素所说："数学这门学问当我们从它的最熟悉的部分开始时，可以沿着两个相反的方向进行．比较熟悉的方向是构造的，趋向于渐增的复杂，如：从整数到分数，实数，复数；从加法和乘法到微分与积分，以至更高等的数学．至于另一方向对于我们比较生疏，它是由分析我们所肯定的基本概念和命题，而进入愈来愈高的抽象和逻辑的单纯……"罗素所说的"另一方向"，即是数理哲学或更具体地说是数学原理的研究方向.

　　这里所讨论的"数的定义",实际上是要给看上去最简单易知的自然数(0,1,2,3,…)下定义.这便是在向探究数学原理的方向上前进了.

　　按照罗素的定义法,"数就是将某些集合(set),即那些有给定项数的集合,归在一起的方法.我们可以假定所有的对子为一起,所有的三个一组为另一起,如此下去.这样我们得到各种不同的一起一起集合,每一起由给定项数的集合所组成.每一起是一类(Class),它的分子是集合,也就是类;因此每一起是一个类的类.例如,由所有的对子所组成的一起是一个类的类:因为每一个对子是一个有两个分子的类,所以所有的对子归在一起是一个拥有无穷多个分子的类,其中的每一个分子又是两个分子的类."(罗素《数理哲学导论》)

　　罗素的这段话有些费解.其中的"一起",可以理解为"一个集合".我建议读者在理解这个问题时,发挥想象力,将宇宙中的一切事物作为思考的对象.

　　下面我从"对子"入手来解释罗素关于数的定义.毫无疑问,下面的两个三角形可以视为一个对子.

△　　　　　△

　　两个圆也可结成一个对子.

○　　　　　○

值得强调的是，如果我们将0、1视为两个事物，而先不视为数，那么0、1也可结成一个对子.

0　　　　　1

我们可以想象，宇宙中有无穷多个事物可结成无穷多个对子. 按罗素的逻辑，我们可以把每一个对子视为是一个有两个分子的类或集合. 这样的每一个类或集合包含两个分子，或者说给定了两个项数. 可用示意图表示如下：

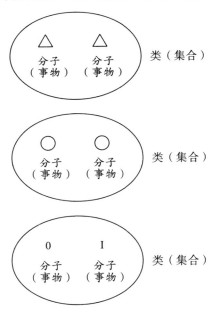

…

这样的对子有无穷多个.

接下来，我们将所有的对子组成一个类（集合），或者说组成一个类（集合）的类（集合）. 这样实际上出现了两个层级的类（集合）. 为了便于读者理解，我将所有对子组成的类（集合）称为"二级类（集合）"（注意：罗素从未如此称呼类（集合），不过我相信罗素的表述中包含了这层意思），以区别于由两个分子组成的对子这样的"类（集合）"——我将称之为"一级类（集合）".

如此一来，我们可以用下面的示意图来说明罗素关于数的定义.

下图（见下页）可以用文字表述为：所有的对子的类（即我所说的"二级类"）乃是数 2. 其中每个对子（即我所说的"一级类"）有两个分子（事物），或者说项数都是 2. 用罗素的话说："所谓数就是某一个类的数."下页图示意的就是由所有对子组成的类的数，即数 2.

按照这种逻辑给数 0 下定义，数 0 就是一起包含那些没有分子的类的类；而数 1 就是一起包含一切只有一个分子的类的类. 这就是罗素用来定义数 0，数 1 的方法.

理解了罗素关于数的定义的思想，再去理解现代数学的集合论就会容易得多. 按照现代数学接受的集合的古典定义，集合是一些事物的全体. 或者说，若一个类本身是一个新类中的元素，这个类称为集合. 一些事物的全体叫作一个集合，这些事物中的每一个，都称为这个集合的元素. 如果某种事物不存在，就称这种事物的全体是空集. 规定任何空集都只是同一个集合，记作∅. 任何事物都不是

∅的元素. 每一个集合都是一个事物.

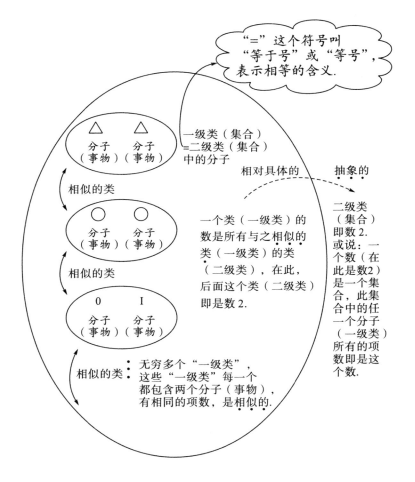

假定 a 是集合 A 的元素, 可记作

$a \in A$ 或 $A \ni a$, 符号 "$\in$" 读作 "属于", 符号 "$\ni$" 读作 "包含".

假定 a 不是集合 A 的元素，可记作 $a \notin A$ 或 $A \not\ni a$；符号"$\notin$"读作"不属于"，符号"$\not\ni$"读作"不包含于".

根据集合的古典定义来给零和正整数下定义，可定义如下：

$0 = \varnothing$

$1 = \{0\} = \{\varnothing\}$

$2 = \{0, 1\} = \{\varnothing, \{\varnothing\}\}$

$3 = \{0, 1, 2\} = \{\varnothing, \{\varnothing\}, \{\varnothing, \{\varnothing\}\}\}$

$4 = \{0, 1, 2, 3\}$

……

集中的元素符号的次序和重复无关实质.

当然，集合论的公理系统已被证明是不完备的．在此不作深论.

但是，或许有必要就著名的"罗素悖论"说上几句."罗素悖论"是罗素于 1901 年发现的．他发现，"所有集合的集"的概念是矛盾的．这一发现冲击了数学基础．不过，通过将集合与非集合作区分，及赋予集合论一个公理基础，这一危机可被化解．通过定义所有集合的汇总是一个非集合，罗素悖论得以化解．非集合可定义为一个类不能成为一个新类的元素，则这个类称为非集合．直觉上，可以为非集合是一个超级巨大的类，以致没有更大的类能够将其纳为一个元素。

对数的定义和数学原理有钻研兴趣的读者可以在以后进一步研读弗雷格的《算术基础》，罗素的《数理哲学导论》、《数学原则》（*Principles of Mathematics*），《数学原理》（*Principia Mathematica*）. 实际上，上文提到的这几部书（尤其是罗素的《数学原理》对于数学入门者而言都太费解了. 但是，谁又敢肯定这些深奥的数学著作一定不能激发初学者对数学的兴趣呢?

负整数

"—",
这个符号, 叫"负号",
读作"负".

负整数是小于 0 的整数.

−1, −2, −3, …是负整数.

负整数比正整数更加抽象. 但在生活中, 我们依然可以看到用负整数表示的事物.

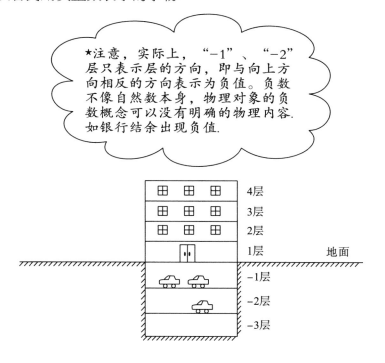

★注意, 实际上, "−1"、"−2" 层只表示层的方向, 即与向上方向相反的方向表示为负值。负数不像自然数本身, 物理对象的负数概念可以没有明确的物理内容. 如银行结余出现负值.

4层
3层
2层
1层   地面
−1层
−2层
−3层

比如：商场的地下一层常常标示为﹣1 层，地下二层标示为﹣2 层，并可依次类推标示出地下各层．在电梯的数字盘上，我们常常可以看到"﹣1"，"﹣2"，"﹣3"的负整数显示．

分数

$\dfrac{1}{2}$，$\dfrac{1}{60}$，$\dfrac{2}{3}$，$\dfrac{3}{8}$，这几个数都是分数．这几数，也可写成：

1/2，1/60，2/3，3/8 或者，写成"比"的形式：

1：2，1：60，2：3，3：8

1：2 读作：一比二．

一个苹果分成两半(两块)，每一块是原来苹果的$\dfrac{1}{2}$．

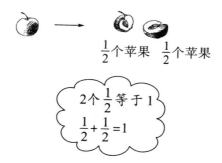

$\dfrac{1}{2}$个苹果　$\dfrac{1}{2}$个苹果

2个$\dfrac{1}{2}$等于1

$\dfrac{1}{2}+\dfrac{1}{2}=1$

一条鱼是五条鱼的$\dfrac{1}{5}$．

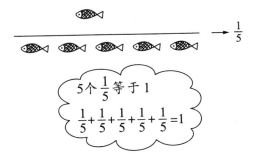

$$\frac{1}{5}$$

5个 $\frac{1}{5}$ 等于 1

$$\frac{1}{5}+\frac{1}{5}+\frac{1}{5}+\frac{1}{5}+\frac{1}{5}=1$$

　　上面，我们只是非常简单地介绍了分数，严格地讲，这样的介绍并不是很严谨，比如，用平分苹果的方式来说明分数 $\frac{1}{2}$ 就不够精确，因为在现实世界中，任何一个苹果都不可能被完全精确地切分成两部分．用切割成两半的苹果来说明分数 $\frac{1}{2}$，是在用不够精确的现实世界中的二分之一，来说明完全精确的数学世界中的 $\frac{1}{2}$．尽管这样的说明不够精确，但也并非完全没有意义．我们用这种方式来说明，是为了在现实世界与数学世界之间架起一座经验与直觉之桥，以便于数学的初学者能够较容易地理解问题．在以后的学习中，我们会用更严谨的方式来说明分数．

有理数

我们已经认识了分数，比如 $\frac{1}{2}$，$\frac{3}{8}$ 等．在日常生活中，清点物体的数量，一般会用到整数，比如有一个苹果，有两条鱼．在测量长度、面积、时间和重量时，则常常会用到分数．比如，1 分钟有 60 秒，1 秒就是 1 分钟时间的 $\frac{1}{60}$.

现在我们来看 $\frac{1}{60}$ 这个分数.

$\dfrac{1}{60}$ $\to$ "1" 是自然数
$\to$ "60" 也是自然数

如我们用字母来表示分数，一个分数可表示为 $\frac{n}{m}$（$m \neq 0$），当 m、n 都是自然数时，$\frac{n}{m}$ 便一定是有理数．当 m，n 有一个为负时，$\frac{n}{m}$（$m \neq 0$，$n \neq 0$）便是一个负有理数.

整数和分数统称有理数．有理数可分为正有理数、负有理数和 0.

实际上，整数可以被看作是分数的一种特殊情况．当一个分数分母与分子相等时，这个分数等于一个整数.

因此，有理数实际上可以被视为都是分数.

上面关于有理数的介绍极为简单，以后，我们会对有理数作出更为详细也更为严谨的讲解，以便于学习者从一个更深的层次来认识有理数.

算术基本规律

我们先来学习整数的运算.

什么是整数，咱们之前学过啦!

我们不考虑特定整数本身的大小值，用 a，b，c，…字母来代表整数，可以把五条算术基本规律用下面的式子表示出来：

我们不考虑特定整数本身的大小值，用a，b，c，…等字母来代表整数，可以把五条算术基本规律用下面的式子表示出来：

①$a + b = b + a$

②$ab = ba$ "a"、"b"之间的乘号"×"省略了。 → 这两条（①，②）叫"交换律"

③$a + (b+c) = (a+b) + c$ → 这两条（③，④）是"结合律"

④$a(bc) = (ab)e$

⑤$a(b+c) = ab+ac$ → 这一条⑤是"分配律"

这五条算术基本规律看上去 ● 真是好抽象啊！
要代表现实中的太阳，
这个图稍微具象
直观一点。

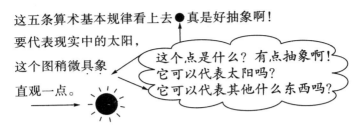

这个点是什么？有点抽象啊！
它可以代表太阳吗？
它可以代表其他什么东西吗？

我们也可以想办法将五条算术基本规律以比较直观的方式表示出来：

①加法交换律：

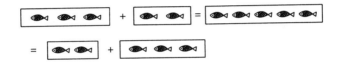

②乘法交换律：

这个乘号"×"
在这里也可用
"·"表示。

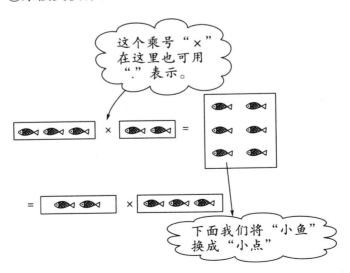

下面我们将"小鱼"
换成"小点"

③加法结合律：

$$\boxed{\cdots} + (\boxed{\cdot\cdot} + \boxed{\cdot}) = \boxed{\cdots} + \boxed{\cdots}$$

$$= \boxed{\cdot\cdot\cdot\cdot\cdot\cdot} = (\boxed{\cdots} + \boxed{\cdot\cdot}) + \boxed{\cdot}$$

④乘法结合律：

$$\boxed{\cdots} \times (\boxed{\cdot\cdot} \times \boxed{\cdots\cdot}) = \boxed{\cdots} \times \boxed{\begin{array}{c}\cdots\cdot\\\cdots\cdot\end{array}}$$

$$= \boxed{\begin{array}{c}\cdots\cdots\cdots\\\cdots\cdots\cdots\end{array}} = \boxed{\begin{array}{c}\cdot\cdot\\\cdot\cdot\\\cdot\cdot\end{array}} \times \boxed{\cdots\cdot}$$

$$= (\boxed{\cdots} \times \boxed{\cdot\cdot}) \times \boxed{\cdots\cdot}$$

⑤乘法加法的分配律

$$\boxed{\cdots} \times (\boxed{\cdot\cdot} + \boxed{\cdots\cdot})$$

$$= \boxed{\cdots} \times \boxed{\cdot\cdot} + \boxed{\cdots} \times \boxed{\cdots\cdot}$$

$$= \boxed{\begin{array}{c}\cdot\cdot\\\cdot\cdot\\\cdot\cdot\end{array}} + \boxed{\begin{array}{c}\cdots\cdot\\\cdots\cdot\\\cdots\cdot\end{array}} = \boxed{\begin{array}{c}\cdots\cdots\\\cdots\cdots\\\cdots\cdots\end{array}}$$

　　用点来表示数字，看起来直观，但点一多，是不是相当麻烦啊！要用小鱼表示，就更麻烦咯！回头看看前面，用字母来代表整数，写出的算术基本规律的式子，是不是很简明呢！

　　除了上面介绍的①～⑤五条算术基本规则，我们再来介绍几条算术规则：

　　⑥　　1 是乘法单位元：

　　对任意数 a，有 $1 \times a = a$.

⑦　　0 是加法单位元：

　　对任意数 a，有 $0 + a = a$.

⑧　　加法逆元：

　　对任意数 a，总存在一个数 b

　　使得 $a + b = 0$.

　　确立这条规则后，可把 $-a$ 看作是 b 的代号.

⑨　　乘法逆元：

　对任意数 a，总存在一个数 c 使得 $ac = 1$.

　确立这条规则后，可将 $\dfrac{1}{a}$（或写成 $1/a$）看作是 c 的代号.

　在规则⑧、⑨中，蕴含着另外两条规则，即加法和乘法的消去律.

⑩　　加法消去律：

　对任意三个数 a、b 和 c，若 $a + b = a +$
c，则 $b = c$.

　a 消去啦！

⑪　　乘法消去律：

　对任意三个数 a、b 和 c，若 $ab = ac$，且 a 不为 0，则
$b = c$.

　a 消去啦！

　加法消去律可以用第⑧条规则加以说明：

　若 $a + b = a + c$

则：$(a+b)+(-a)=(a+c)+(-a)$

$a+b-a=a+c-a$

$b=c$

乘法消去律可以用第⑨条规则加以说明：

若 $a \times b = a \times c$

则：$(a \times b) \times \dfrac{1}{a} = (a \times c) \times \dfrac{1}{a}$

$$a \times b \times \dfrac{1}{a} = a \times c \times \dfrac{1}{a}$$

$$a \times \dfrac{1}{a} \times b = a \times \dfrac{1}{a} \times c$$

$$b=c$$

我们可以看到，规则⑩加法消去律和规则⑪乘法消去律是规则⑧、⑨的推论，实际上也就是等式的性质.

加法表（十进制）

+	1	2	3	4	5	6	7	8	9
1	1＋1 ＝2	2＋1 ＝3	3＋1 ＝4	4＋1 ＝5	5＋1 ＝6	6＋1 ＝7	7＋1 ＝8	8＋1 ＝9	9＋1 ＝10
2	1＋2 ＝3	2＋2 ＝4	3＋2 ＝5	4＋2 ＝6	5＋2 ＝7	6＋2 ＝8	7＋2 ＝9	8＋2 ＝10	9＋2 ＝11
3	1＋3 ＝4	3＋2 ＝5	3＋3 ＝6	4＋3 ＝7	5＋3 ＝8	6＋3 ＝9	7＋3 ＝10	8＋3 ＝11	9＋3 ＝12
4	1＋4 ＝5	2＋4 ＝6	3＋4 ＝7	4＋4 ＝8	5＋4 ＝9	6＋4 ＝10	7＋4 ＝11	8＋4 ＝12	9＋4 ＝15
5	1＋5 ＝6	2＋5 ＝7	3＋5 ＝8	4＋5 ＝9	5＋5 ＝10	6＋5 ＝11	7＋5 ＝12	8＋5 ＝13	9＋5 ＝14
6	1＋6 ＝7	2＋6 ＝8	3＋6 ＝9	4＋6 ＝10	5＋6 ＝11	6＋6 ＝12	7＋6 ＝13	8＋6 ＝14	9＋6 ＝15
7	1＋7 ＝8	2＋7 ＝9	3＋7 ＝10	4＋7 ＝11	5＋7 ＝12	6＋7 ＝13	7＋7 ＝14	8＋7 ＝15	9＋7 ＝16
8	1＋8 ＝9	2＋8 ＝10	3＋8 ＝11	4＋8 ＝12	5＋8 ＝13	6＋8 ＝14	7＋8 ＝15	8＋8 ＝16	9＋8 ＝17
9	1＋9 ＝10	2＋9 ＝11	3＋9 ＝12	4＋9 ＝13	5＋9 ＝14	6＋9 ＝15	7＋9 ＝16	8＋9 ＝17	9＋9 ＝18

加法交换律：$a + b = b + a$

在上面的这张加法表中，我们可以清楚地看到加法交换律.

乘法表（十进制）

×	1	2	3	4	5	6	7	8	9
1	1×1 $=1$	2×1 $=2$	3×1 $=3$	4×1 $=4$	5×1 $=5$	6×1 $=6$	7×1 $=7$	8×1 $=8$	9×1 $=9$
2	1×2 $=2$	2×2 $=4$	3×2 $=6$	4×2 $=8$	5×2 $=10$	6×2 $=12$	7×2 $=14$	8×2 $=16$	9×2 $=18$
3	1×3 $=3$	2×3 $=6$	3×3 $=9$	4×3 $=12$	5×3 $=15$	6×3 $=18$	7×3 $=21$	8×3 $=24$	9×3 $=27$
4	1×4 $=4$	2×4 $=8$	3×4 $=12$	4×4 $=16$	5×4 $=20$	6×4 $=24$	7×4 $=28$	8×4 $=32$	9×4 $=36$
5	1×5 $=5$	2×5 $=10$	3×5 $=15$	4×5 $=20$	5×5 $=25$	6×5 $=30$	7×5 $=35$	8×5 $=40$	9×5 $=45$
6	1×6 $=6$	2×6 $=12$	3×6 $=18$	4×6 $=24$	5×6 $=30$	6×6 $=36$	7×6 $=42$	8×6 $=48$	9×6 $=54$
7	1×7 $=7$	2×7 $=14$	3×7 $=21$	4×7 $=28$	5×7 $=35$	6×7 $=42$	7×7 $=49$	8×7 $=56$	9×7 $=63$
8	1×8 $=8$	2×8 $=16$	3×8 $=24$	4×8 $=32$	5×8 $=40$	6×8 $=48$	7×8 $=56$	8×8 $=64$	9×8 $=72$
9	1×9 $=9$	2×9 $=18$	3×9 $=27$	4×9 $=36$	5×9 $=45$	6×9 $=54$	7×9 $=63$	8×9 $=72$	9×9 $=81$

乘法交换律：$a \times b = b \times a$

由加法规则可以推导出减法的操作定义.

$a+b$ 代表两个整数的和，以两个整数和的定义为基础，我们可以给两个整数不相等的关系下定义. 当然，不相等的关系还可以自整数拓展到其他非整数. 我们先来考虑整数不相等的关系.

a 不等于 b，则 a 大于或小于 b.

a 大于 b，写作：$a > b$；

a 小于 b，写作：$a < b$.

如果再引入一个数，记作 c，假设

$b = a + c$，

则：$c = b - a$，

$c = b - a$ 就是减法的操作性定义.

如果 $b > a$，则 c 是一个正的数. 如：$b = 3$，$a = 2$ 则 $c = 3 - 2 = 1$.

如果 $b < a$，则 c 是一个负数的数. 如：$b = 3$，$a = 4$ 则：$c = 3 - 4 = -1$.

如果 $b = a$，则 $c = 0$. 如：$b = 3$，$a = 3$ 则：$c = 3 - 3 = 0$.

除法

我们已知道算术的基本规则，它们是加法乘法交换律、加法乘法结合律和分配律．这几条基本规律适用于整数，也适用于所有有理整．

我们现在来学有理数的除法．

有理数的除法规律可以用式子表示为：

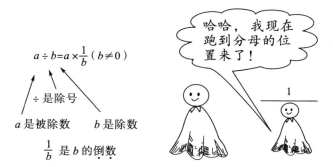

$$a \div b = a \times \frac{1}{b} \ (b \neq 0)$$

÷ 是除号

a 是被除数　　b 是除数

$\frac{1}{b}$ 是 b 的倒数

哈哈，我现在跑到分母的位置来了！

如果 b 是一个分数，如 $b = \frac{2}{3}$，则 $\frac{2}{3}$ 的倒数是 $\frac{3}{2}$．

$$a \div \frac{2}{3} = a \times \frac{3}{2}.$$

0 是没有倒数的．0 不能作除数．b 不能等于0．

当两个有理数(0 除外)相除时，如果两个数都是正数或都是负数，则它们相除的结果一定是正数，如果它们当中有一个是负数，则相除的结果一定是负数.

0 作为被除数，除以任何一个不等于 0 的数，都等于0.

$$\frac{0}{任何不等于 0 的数} = 0$$

0 为什么不能作除数呢?

我们知道，0 乘以任何数都等于0.

$$0 \times 1 = 0$$

$$0 \times 2 = 0$$

假如 0 可以作为除数，则:

$$1 = \frac{0}{0}（在 0 \times 1 = 0 的式子两边同时除以 0.）$$

$$2 = \frac{0}{0}（在 0 \times 2 = 0 的式子两边同时除以 0.）$$

由此可推出: $1 = 2$

$1 = 2?!$

$1 = 2?$ 这怎么可能?

太荒谬了!

这都是因为假设 0 可以作为除数的结果.

为了避免出现荒谬的结果，不能以 0 作为除数.

和，差，积，商和余数

我们已经简单介绍了有理数加，减，乘，除的算述运算基本规则．那么，加，减，乘，除运算的结果一般如何称呼呢?

通常来说，我们可以将加法运算的结果称作"和"，例：$2+7=9$，9 是 2 与 7 的"和"；将减法运算结果称作"差"；例：$10-3=7$，7 是 10 与 3 的"差"；将乘法运算的结果称作"积"或"乘积"，例：$2×4=8$，8 是 2 与 4 的"积".

对于除法的结果，要多说几句．在自然数领域，如果一个自然数可被另一个自然数整除，则结果一般叫作"商"，它们之间的运算叫"除法"；如果一个自然数不可被另一个自然数整除，则结果包括"商"和"余数"，它们之间的运算叫"带余除法"．当数的概念扩展到有理数，两个数相除的结果可表示为分数形式或小数形式，这种情况一般直接说出结果，而不说"商"或"余数"是多少．例：

$15÷3=5$，5 是 15 与 3 的"商"，余数是 0.

一般只说 15 除以 3 的商是 5.

$15 \div 2 = 7 \cdots\cdots 1$

7 是 15 除以 2 的"商"，余数是 1.

或把 $15 \div 2$ 的结果表示为：

$15 \div 2 = \dfrac{15}{2} = 7\dfrac{1}{2} = 7.5$

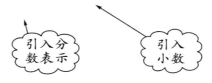

引入分数表示

引入小数

＊关于小数，我们以后再讨论.

$15 \div 2$ 的计算过程我们还可以表示如下：

7 ← 商

2)15 ← 被除数

14

1 ← 余数

除数

"⟌" 这个符号表示除法运算，这个符号的外面（左侧）是除数，里面的是被除数

＊记住这种表示法，以后很有用哦！

长除法的运算法则

之前，我们粗略地讲了加、减、乘、除以及和、差、积、商、余数等知识．对于加、减、乘的运算法则，你可能觉得较易理解，但是对于除法，可能会觉得较难理解．为了充分理解除法，我们从有理数的除法退回到自然数的除法来详细讲解．

严格意义上讲，就自然数而言，我们要区分"除法"和"带余数的除法"（或叫"带余除法"）．因为除法与带余除法在本质上是不相同的．

两个自然数的除法可定义为：

设自然数 m 和 $n(n \neq 0)$，m 除以 n，记作 $m \div n$，它是满足 $m = kn$ 的自然数 k．

自然数 k 称为除法 $m \div n$ 的商，n 称为除数，m 称为被除数．因 $m = kn$，我们称 n 整除 m 或 m 被 n 整除．这也表明，在自然数的前提下，只有当 m 是 n 的倍数时，$m \div n$ 才有意义($n \neq 0$)．

特别强调的是，两个自然数除法(区别于带余除法)的计算结果是一个单独的数(即除法所得的商)．

带余除法得到的结果是两个数：商和余数.

因此，带余除法和除法在本质上是有不同之处的．除法作为一个算术运算，它的概念可以看作是带余除法的一个特殊情况.

带余除法可以用一个定理表述：

给定自然数 a 和 d，$d>0$，则存在唯一的自然数 q 和唯一的自然数 r，使得

$$a = qd + r \text{ 且 } o \leqslant r < d.$$

上述关于 a，d，q 的等式称为 a 与 d 的带余除法．其中，q 称为带余除法的商，r 称为带余除法的余数，a 称为被除数，d 称为除数，当然 r 可以等于 0.

上述定理通常被称为带余除法定理，带余除法是建立长除法运算法则的基础．长除法的目的是把求 $a = qd + r$ 中商 q 的过程分解成一系列简单的步骤，按照从左到右的顺序，每一步求出 q 的一位数字.

例如：有 $a = 15$，$d = 2$，长除法的竖式可以写成：

$$
\begin{array}{r}
07 \\
2\overline{)15} \\
\underline{14} \\
1
\end{array}
$$

得到商为 07，即 7（省略十位数上的"0"），余数为 1.

我们可以看到：　　$15 = 7 \times 2 + 1$

$$\updownarrow \quad \updownarrow \quad \updownarrow \quad \updownarrow$$

$$a \quad q \quad d \quad r$$

分数的加减乘除

前面我们已经讲过分数，知道了分数的表示法．我们也讲过了倒数，一个不等于 0 的整数的倒数，可以用分数形式表示．现在，我们来专门讲一讲分数的加减乘除.

先来看分数加减法的规则：

两个分数加、减时，先看分母，分母不同，一定要先通分，使分母相同后，再将分子进行加减运算.

所谓通分，就是根据分数的基本性质，把几个不同分母的分数化成与原来分数相等的同分母的分数的过程．以后我们还会学到，分式和分数一样，也可以通分.

两个不同分母的分数要通分，必须找到它们的公分母.

例如：$\frac{3}{2}$，$\frac{1}{5}$ 的公分母是：$2 \times 5 = 10$

$\frac{3}{2}$，$\frac{1}{5}$ 通分后就得 $\frac{15}{10}$，$\frac{2}{10}$

说明：$\frac{15}{10} = \frac{3 \times 5}{2 \times 5}$，$\frac{2}{10} = \frac{1 \times 2}{5 \times 2}$

通分后，我们可以进行两个分数相加运算的下一步.

下面，我们写出 $\frac{3}{2} + \frac{1}{5}$ 的完整的运算过程：

$$\frac{3}{2} + \frac{1}{5} = \frac{15}{10} + \frac{2}{10} = \frac{15+2}{10} = \frac{17}{10}$$

再来看一个例子：

$$\frac{2}{5} + \frac{7}{9} = \frac{18}{45} + \frac{35}{45} = \frac{18+35}{45} = \frac{53}{45}$$

细心的人可能会追问，$\frac{2}{5}$ 为什么等于 $\frac{18}{45}$，这怎么证明呢?

我们可以用乘法消去律和相关算术基本规律来证明.

设 $a = 45$，$b = \frac{18}{45}$，$c = \frac{2}{5}$

则：$a \times b = 45 \times \frac{18}{45} = 45 \times 18 \times \frac{1}{45} = (45 \times 18) \times \frac{1}{45}$

$= 18 \times 45 \times \frac{1}{45} = 18 \times 1 = 18$

又有：$a \times c = 45 \times \frac{2}{5} = (5 \times 9) \times 2 \times \frac{1}{5}$

$= (9 \times 5) \times \frac{1}{5} \times 2$

$= \left[9 \times \left(5 \times \frac{1}{5} \right) \right] \times 2$

$= (9 \times 1) \times 2$

$= 9 \times 2$

$= 18$

可见：$a \times b = a \times c$

所以：$b = c$ 即：$\dfrac{18}{45} = \dfrac{2}{5}$

下面来看分数的乘法规则：

不管有几个分数相乘，都是分子与分子相乘，分母与分母相乘.

例如：
$$\frac{2}{5} \times \frac{3}{7} = \frac{2 \times 3}{5 \times 7} = \frac{6}{35}$$

分数与整数相乘时，可把整数看成是分母为 1 的假分数，然后按分数的乘法规则进行计算.

例如：
$$\frac{2}{5} \times 5 = \frac{2}{5} \times \frac{5}{1} = \frac{2 \times 5}{5 \times 1} = 2$$

$$\frac{2}{3} \times 5 = \frac{2}{3} \times \frac{5}{1} = \frac{2 \times 5}{3 \times 1} = \frac{10}{3}$$

我们再来看分数的除法基本规则：

分数的除法，相当于用被除数乘以除数的倒数．这在我们讲除法的时候，实际上已经接触到了.

例如：
$$\frac{2}{5} \div \frac{4}{7} = \frac{2}{5} \times \frac{7}{4} = \frac{2 \times 7}{5 \times 4}$$

$$= \frac{2 \times 7}{5 \times 2 \times 2}$$

$$= \frac{7}{5 \times 2}$$

$$= \frac{7}{10}$$

平方

一个数的平方是什么意思呢?

在这里，我们暂时针对有理数来讨论"平方".

一个数 a 的平方，可以表示为：

$$a^2$$

注意：将数字 2 写在 a 的右上角.

$$a^2 = a \times a$$

也就是说，a 的平方等于 a 乘以 a.

a^2 有时也可写作 $a \wedge 2$. 符号"$\wedge$"写在字母 a 与数 2 之间.

$0 \times 0 = 0$，所以，0 的平方也是 0.

乘方与开方

我们将 n 个数 a 相乘称为 a 的 n 次（乘）方，又称为 a 的 n 次幂. a 的 n 次（乘）方可以与作：a^n.（我们暂时针对有理数 a 来讨论.）

$$a^n = \underbrace{a \times a \times \cdots a}_{(n \text{个} a)}$$

其中，a 称为幂底数，n 称为幂指数.

当 $n = 2$ 时，$a^n = a^2$，一般叫作 a 的平方；当 $n = 3$ 时，$a^n = a^3$，一般叫作 a 的立方.

正数的任何次方为正数；负数的偶次方为正数；负数的奇次方为负数；零的任何次方为零.

不等于 0 的数的 0 次方等于 1，即 $a^0 = 1$，$a \neq 0$.

当 $a \neq 0$，n 为正整数，则有：

$$a^{-n} = \frac{1}{a^n}$$

当 m、n 为任意的整数，则有：

$$a^n a^m = a^{n+m}$$

例如：设 $a = 2$，$n = 2$，$m = 3$，则有：

$$a^n a^m = a^{n+m} = 2^{2+3} = 2^5$$

这很好证明：

因为：$a^n a^m = 2^2 2^3 = \underbrace{2 \times 2}_{2 \text{个} 2} \times \underbrace{2 \times 2 \times 2}_{3 \text{个} 2}$

$$= 4 \times 8$$

$$= 32$$

$$a^{n+m} = 2^{2+3} = 2^5 = \underbrace{2 \times 2 \times 2 \times 2 \times 2}_{5 \text{个} 2}$$

$$= 4 \times 8$$

$$= 32$$

所以：$a^n a^m = a^{n+m}$

再如，$a = 2$，$n = 3$，$m = -5$，则有：

$$a^n a^m = 2^3 2^{-5} = \underbrace{2 \times 2 \times 2}_{3 \text{个} 2} \times \frac{1}{\underbrace{2 \times 2 \times 2 \times 2 \times 2}_{5 \text{个} 2}}$$

$$= \frac{2 \times 2 \times 2}{2 \times 2 \times 2 \times 2 \times 2}$$

$$= \frac{1}{2 \times 2}$$

$$= \frac{1}{2^2}$$

$$= 2^{-2}$$

$a^{n+m} = 2^{3+(-5)} = 2^{-2}$

所以：$a^n a^m = a^{n+m}$

下面，我们来简单讲讲开方.

若 $a^2 = b$，则 a 称为 b 的平方根，记为 $a = \pm\sqrt{b}$. 求平方根的运算称为开平方.

若 $a^3 = b$，则 a 称为 b 的立方根，记为 $a = \sqrt[3]{b}$. 求立方根的运算称为开立方.

一个数的平方根和立方根可以从"平方根表"和"立方根表"中查到.

整数的表述

我们在生活中常用的是十进制.

在十进制中,0,1,2,3,4,5,6,7,8,9 这十个符号是用来代表零和前九个正整数的.

两位数"二十七"可表示为:

$$20 + 7 = 2 \times 10 + 2$$

三位数"三百七十五"可表示为:

$$300 + 70 + 5 = 3 \times 10 \times 10 + 7 \times 10 + 5$$
$$= 3 \times 10^2 + 7 \times 10 + 5$$

在十进制中,"二十七"的代表符号是27,"三百七十五"的代表符号是375. 符号2,7 在"27"中的位置和符号3,7,5 在"375"中的位置,决定了"2","7","3","5"在各个位置上的意义. 这种记数法,叫作"位置"记数.

如果把数字符号换成字母符号,十进制的两位数可表示为:

$$a_1 a_0$$

十位   个位

$$a_1a_0 = a_1 \times 10 + a_0$$

十进制的三位数可表示为:

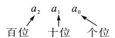

$$a_2a_1a_0 = a_2 \times 10 \times 10 + a_1 \times 10 + a_0$$
$$= a_2 \times 10^2 + a_1 \times 10^1 + a_0$$

因此,一个十进制整数 z 的普遍表示方式可以为:

$$z = a_n \times 10^n + a_{n-1} \times 10^{n-1} + \cdots + a_1 \times 10 + a_0$$

用符号表示为:

$$a_na_{n-1}\cdots a_1a_0 = a_n \times 10^n + a_{n-1} \times 10^{n-1} + \cdots + a_1 \times 10 + a_0$$

记数系统

十进制(以 10 为基底)的位置记数只是记数系统的一种，还有其他记数系统哦！比如，还有二进制系统、五进制系统、七进制系统、十一进制系统、十二进制系统、二十进制系统.

十进制系统的算术，使用的是十进制的加法表和乘法表. 有别于十进制系统的算术，必须用不同于十进制的加法表、乘法表.

之前，我们已学过，一个十进制整数可以表示为：

$a_n \times 10^n + a_{n-1} \times 10^{n-1} + \cdots + a_1 \times 10 + a_0$ 其中，10 可以看作是十进制整数的"基底".

a_0，a_1，a_2，$\cdots a_{n-1}$，a_n 可以看作是十进制整数被连续除以 10 之后所得到的余数.

例子：试将 571 连续除以 10 之后取余数.

我们来看看这三个余数都各自在 571 的哪个位置？571 连续除以 10 之后得到的第 1 个余数 1 在 571 的个位，得到的第 2 个余数 7 在 571 的十位数位置，得到的第 3 个余数在 571 的百位数位置.

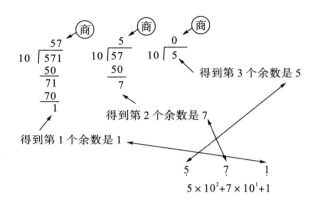

得到第 1 个余数是 1

得到第 2 个余数是 7

得到第 3 个余数是 5

$5 \times 10^2 + 7 \times 10^1 + 1$

来做一个连线游戏吧！

得到第 1 个余数是 1

得到第 2 个余数是 7

得到第 3 个余数是 5

$5 \times 10^2 + 7 \times 10^1 + 1$

我们已经知道一个十进制整数的普遍表述方式为：

$$Z = a_n \times 10^n + a_{n-1} \times 10^{n-1} + \cdots + a_1 \times 10 + a_0$$

在这一表述中，10 是基底.

实际上，任何一个大于 1 的整数都可以作为基底.

我们可以用 6 或 7 作为基底，也可以用 2 作为基底.

当然，如果我们换了基底，上面式子的右边要等于整数 Z，右边的 a_0，a_1，$\cdots$，a_{n-1}，a_n 会发生变化，我们可以把它们改写为 b_0，b_1，$\cdots$，b_{n-1}，b_n.

通过将一个以 10 为基底的整数 Z 连续除以 7（那将 7 作为整数 Z 表述式中的基底），我们依次可以得到若干余数．我们用 b_0，b_1，$\cdots b_{n-1}$，b_n 代表这些余数．

将 b_0，b_1，$\cdots b_{n-1}$，b_n 依次放置到七进制整数的个位数，七位数（7^1，相当于十进制的十位数），$\cdots$，7^{n-1} 位数，7^n 位数的位置上，可以构成一个七进制整数的代表符号：

$$b_n b_{n-1} \cdots b_1 b_0$$

以上所说的，实际上就是将一个十进制整数转换成七进制整数的方法．

来做一个小练习：将十进制整数 109 转换七进制整数．

第一步：
$$7\,\overline{\smash{)}\,109} \quad \begin{array}{r} 15 \\ \hline \end{array}$$
$$\frac{7}{39}$$
$$\frac{35}{4} \quad \leftarrow 余数 4$$

取得了七进制整数的个位数位置上的数字符号．

第二步：
$$7\,\overline{\smash{)}\,15} \quad \begin{array}{r} 2 \\ \hline \end{array}$$
$$\frac{14}{1} \quad \leftarrow 余数 1$$

取得了七进制整数的 十位数 位置

上的数字符号.

第三步：$7\overline{\smash{)}\,2}^{\,0}$　←余数 2

取得了七进制整数 百位数 位置上

这样说不对哦!
应该是
四十九位数

的数字符号.

所以：

109（十进制）=214（七进制）

我们再将 $b_0 = 4$，$b_1 = 1$，$b_2 = 2$ 代入公式 $b_2 \cdot 7^2 + b_1 \cdot 7 + b_0$，将 214（七进制）转换成十进制整数：

$$Z = b_2 \cdot 7^2 + b_1 \cdot 7 + b_0 = 2 \cdot 7^2 + 1 \cdot 7 + 4$$

$$= 2 \cdot 49 + 1 \cdot 7 + 4$$

$$= 98 + 7 + 4$$

$$= 109（十进制）$$

类似的，通过将一个以 10 为基底的整数 Z 连续除以 2（即将 2 换为整数 Z 表述式中的基底），我们也可以得到若干余数. 从理论上说，以 2 为基底是位置记数法可用的最小基底. 一个以 10 为基底的整数 Z 连续除以 2，得到的余数不是 1，便是 0，因此二进制整数的个位数、2^1 位数，2^2

位数，…2^{n-1}位数，2^n位数的位置上的符号不是 1，便是 0.

我们来做一个小练习：将十进制整数 109 转换成二进制整数.

第一步：

$$\begin{array}{r} 54 \\ 2\overline{)109} \\ \underline{10} \\ 9 \\ \underline{8} \\ 1 \end{array}$$ ←余数 1

取得了二进制整数的个位数位置上的数字符号.

第二步：

$$\begin{array}{r} 27 \\ 2\overline{)54} \\ \underline{4} \\ 14 \\ 0 \end{array}$$ ←余数 0

取得了二进制整数的 (十位数) 位置上的数字符号.

应改为

2^1位数

第三步：

$$\begin{array}{r} 13 \\ 2\overline{)27} \\ \underline{2} \\ 7 \\ \underline{6} \\ 1 \end{array}$$ ←余数 1

取得了二进制整数的 (百位数) 位置上的数字符号.

应改为

2^2位数

第四步：

$$\begin{array}{r} 6 \\ 2\overline{)13} \\ \underline{12} \\ 1 \end{array}$$

←余数1

取得了二进制整数的 (千位数) 位置
上的数字符号.

应改为

(2³位数)

第五步：$2\overline{)6}$ 余3
$\dfrac{6}{0}$ ←余数0

取得了二进制整数的 (万位数) 位置
上的数字符号.

应改为

(2⁴位数)

第六步：$2\overline{)3}$ 余1
$\dfrac{2}{1}$ ←余数1

取得了二进制整数的 (十万位数) 位置
上的数字符号.

应改为

(2⁵位数)

第七步：$2\overline{)1}$ 余0 ←余数1

取得了二进制整数的 (百万位数) 位置
上的数字符号.

应改为

(2⁶位数)

所以：

109（十进制）= 1101101（二进制）

我们再将 $b_0 = 1$，$b_1 = 0$，$b_2 = 1$，$b_3 = 1$，$b_4 = 0$，$b_5 = 1$，$b_6 = 1$ 代入整数表述式（以 2 为基底）：

$$Z = b_6 \cdot 2^6 + b_5 \cdot 2^5 + b_4 \cdot 2^4 + b_3 \cdot 2^3 + b_2 \cdot 2^2 + b_1 \cdot$$

$2^1 + b_0$

$$= 1 \cdot 2^6 + 1 \cdot 2^5 + 0 \cdot 2^4 + 1 \cdot 2^3 + 1 \cdot 2^2 + 0 \cdot 2^1 + 1$$

$$= 64 + 32 + 0 + 8 + 4 + 0 + 1$$

$$= 109(\text{十进制})$$

这样一来，我们又将二进制整数 1101101 转换成了十进制整数 109.

不同于十进制的记数
系统的计算方法 *

十进制记数系统使用十进制的加法表和乘法表；不同于十进制的记数系统，有各自不同的加法表和乘法表，但算术规则是一样的.

在讲解不同于十进制的记数系统的计算方法时，我们需要摆脱十进制对我们思维产生的束缚.

我们以七进制为例，先来介绍一下七进制的加法表和乘法表.

加法表（七进制）

	1	2	3	4	5	6
1	1 + 1 = 2	1 + 2 = 3	1 + 3 = 4	1 + 4 = 5	1 + 5 = 6	1 + 6 = 10
2	2 + 1 = 3	2 + 2 = 4	2 + 3 = 5	2 + 4 = 6	2 + 5 = 10	2 + 6 = 11
3	3 + 1 = 4	3 + 2 = 5	3 + 3 = 6	3 + 4 = 10	3 + 5 = 11	3 + 6 = 12
4	4 + 1 = 5	4 + 2 = 6	4 + 3 = 10	4 + 4 = 11	4 + 5 = 12	4 + 6 = 13
5	5 + 1 = 6	5 + 2 = 10	5 + 3 = 11	5 + 4 = 12	5 + 5 = 13	5 + 6 = 14
6	6 + 1 = 10	6 + 2 = 11	6 + 3 = 12	6 + 4 = 13	6 + 5 = 14	6 + 6 = 15

加法交换律：$a + b = b + a$.

乘法表（七进制）

	1	2	3	4	5	6
1	$1 \times 1 = 1$	$1 \times 2 = 2$	$1 \times 3 = 3$	$1 \times 4 = 4$	$1 \times 5 = 5$	$1 \times 6 = 6$
2	$2 \times 1 = 2$	$2 \times 2 = 4$	$2 \times 3 = 6$	$2 \times 4 = 11$	$2 \times 5 = 13$	$2 \times 6 = 15$
3	$3 \times 1 = 3$	$3 \times 2 = 6$	$3 \times 3 = 12$	$3 \times 4 = 15$	$3 \times 5 = 21$	$3 \times 6 = 24$
4	$4 \times 1 = 4$	$4 \times 2 = 11$	$4 \times 3 = 15$	$4 \times 4 = 22$	$4 \times 5 = 26$	$4 \times 6 = 33$
5	$5 \times 1 = 5$	$5 \times 2 = 13$	$5 \times 3 = 21$	$5 \times 4 = 26$	$5 \times 5 = 34$	$5 \times 6 = 42$
6	$6 \times 1 = 6$	$6 \times 2 = 15$	$6 \times 3 = 24$	$6 \times 4 = 33$	$6 \times 5 = 42$	$6 \times 6 = 51$

乘法交换律：$a \times b = b \times a$

七进制的加法

在七进制的加法表中，我们可以清楚地看到加法交换律，也可看到与十进制的不同之处.

在十进制中，$2+5=7$.

但在七进制中，$2+5=10$. 这个计算结果很重要，它可以帮助我们理解七进制的加法.

知道了七进制中 $2+5=10$，我们来看看七进制中 $2+6$ 结果是多少. 我们可以运用算术基本规则求出 $2+6$（七进制）的和.

$$2+6 = (2+5)+1 \qquad \leftarrow \text{加法结合律的运用}$$

$$= 10+1 \qquad \leftarrow \text{注意：} 2+5=10（\text{七进制}）$$

$$= 11（\text{七进制}）$$

依次类推，我们可以推出3+5在七进制中的和也是11（3+5=2+5+1=11），6+6的和是15（6+6=2+5+5=15）。

$2+5=10$（七进制）

$2+5=10$（七进制）

七进制的乘法

七进制的乘法规律与十进制是一样的.

我们来做个练习.

我们以 24 去乘 265 为例, 这两个数字符号是以七进制位置记数法表示的.

$$
\begin{array}{r}
265 \\
\times\quad 24 \\
\hline
1456 \\
563 \\
\hline
10416
\end{array}
\quad(\text{七进制})
$$

因 $4 \times 5 = 26$ (七进制), 所以我们在个位数上(个位数的位置)记下 6, 然后将 2 "进位" 到下一个位置. 接着, 我们计算 $4 \times 6 = 33$ (七进制), 而 $33 + 2 = 35$, 因此我们在七位数(7^1 位数, 相当于十进制的十位数)的位置记下 5. 依此类推, 我们可以把数字相乘至完毕为止.

接下来, 我们可以计算 $1456 + 5630$, 在个位数可得 $6 + 0 = 6$, 在七位数位置可得 $5 + 3 = 11$ (七进制), 我们记下 1, 同时将另一个数学符号 1 "进位" 至四十九位数(7^2 位数, 相当于十进制的百位数), 于是, 该位置可得 $1 +$

$6 + 4 = 14$（七进制）. 依此类推, $265 \times 24 = 10416$（七进制）.

那么, 10416（七进制）等于十进制的多少呢? 我们来转换一下:

$$10416 = 1 \times 7^4 + 0 \times 7^3 + 4 \times 7^2 + 1 \times 7^1 + 6$$
$$= 2401 + 0 \times 343 + 4 \times 49 + 7 + 6$$
$$= 2610（十进制）$$

我们也知道 "24（七进制）" 相当于 "18（十进制）"、"265（七进制）" 相当于 "145（十进制）". 18（十进制）乘以 145（十进制）等于 2610（十进制）. 因此, 这可以证实前面七进制的计算结果.

二进制加法与乘法

二进制的加法表与乘法表都很简单.

加法表（二进制）

	1
1	1 + 1 = 10

乘法表（二进制）

	1
1	1 × 1 = 1

整数79(十进制)可表示为:

$$79 = 1 \times 2^6 + 0 \times 2^5 + 0 \times 2^4 + 1 \times 2^3 + 1 \times 2^2 + 1 \times 2^1 + 1$$

因此在二进制中, 79(十进制)写成: 1001111

二进制乘法的简单性可以用例子来说明.

整数7(十进制)和5(十进制)在二进制中分别表示为111 和 101. 那么, 在二进制中, 111 乘以 101 的积是多少呢?

我们将两数相乘的积通过运算找出来:

$$
\begin{array}{r}
111 \\
\times\ \ 101 \\
\hline
111 \\
000 \\
111 \\
\hline
100011 \quad \leftarrow 二进制
\end{array}
$$

我们知道：$7 \times 5 = 35$（十进制）

现在我们将 100011（二进制）转换为十进制：

$$100011 = 1 \times 2^5 + 0 \times 2^4 + 0 \times 2^3 + 1 \times 2^1 + 1$$

$$= 1 \times 2^5 + 1 \times 2^1 + 1$$

$$= 35（十进制）$$

可以看到："111 × 101（二进制）"等于"7 × 5（十进制）".

整数体系的无穷性

当我们找出任何一个整数，下一个整数都可以通过往这个整数上加一个"1"而得到．也就是说，当有任何一个整数 n 时，我们便可将下一个整数写为 $n+1$．

由此看来，整数的数量是无穷多的．

我们也可以看到，无穷多的整数构成了整数序列．

无穷问题是数学的重要概念，整数序列是无穷问题最简单的代表序列．数学中有无数多数量的无穷序列，整数序列是所有无穷序列中最简单的一例．

数学归纳法

数学归纳法是一种非经验的严密推理．数学归纳法可以称为是一种原理.

数学归纳法不同于自然科学中的"经验归纳法".

经验归纳法是通过对某一特定现象进行一连串的特殊观测后，得出一条普遍规律，这一规律足以统摄该现象的每一次发生．这种规律的确实程度，决定于个别观测和证实该现象的次数.

人们通过长期观测，说太阳总是从东方升起．这样一个陈述，就是通过经验归纳法得到的.

数学归纳法则是以不同于"经验归纳法"的方式，来确立一条关于无穷序列的数学定理.

具体来说，就是用连续的方式，使一个无穷序列中的每一个特例 A_1，A_2，…，一一得到证明，从而为整数 n 的所有取值确立一条普遍的定理：A.

这里的字母符号 A，代表的是一个包括任意一个整数 n 在内的陈述．数学归纳法就是基于数学推理的基本原则去推理，假如通过推理证明了这条陈述 A 针对任意一个整数都成立，则这条陈述 A 就是为整数 n 的所有取值确立的一条普遍定理.

下面我们用较为严密的语言来说明数学归纳法：

假如要使一个由各数学命题 A_1，A_2，A_3，…组成的完整无穷序列（包括由各命题一起构成的总命题 A）得到确认，那么需要存在条件为：a）通过某种数学论证，证明如果命题 Ar 成立，r 为任何一个整数，则命题 A_{r+1} 也随之成立，以及 b）确知第一个命题 A_1 成立；于是序列中的每一个命题一定成立，从而总命题 A 也得到确认.

算术级数

算术级数，又称等差级数．算术级数是算术数列的和．在算术数列中，每一项跟其前项的差额是固定的，这个差叫作公差．

定理：对每个 n 来说，最前面的 n 个整数之和 $1 + 2 + 3 + \cdots + n$ 等于 $\dfrac{n(n+1)}{2}$．

这个定理中的 n 个整数之和就是一个算术级数．

用数学归纳法来求证上面这个定理，就必须求证就每一个整数来说，命题 An：$1 + 2 + 3 + \cdots + n = \dfrac{n(n+1)}{2}$ 是成立的．

下面我们用数学归纳法来证明．

证明：

a）如 r 是一个整数，陈述 Ar 成立，即 $1 + 2 + 3 + \cdots + r = \dfrac{r(r+1)}{2}$ 成立．

那么我们在上述方程式两边各加上整数 $r+1$

$$1 + 2 + 3 + \cdots r + (r+1)$$

$$= \frac{r(r+1)}{2} + (r+1) \qquad \leftarrow 将条件代入$$

$$= \frac{r(r+1) + 2(r+1)}{2} \qquad \leftarrow 通分后相加$$

$$= \frac{(r+1)(r+2)}{2}$$

$$= \frac{(r+1)\left[(r+1)+1\right]}{2}$$

于是可知命题 $Ar+1$ 成立.

b) 命题 A_1，即 $1 = \frac{1 \times (1+1)}{2} = \frac{1 \times 2}{2} = 1$ 显然成立.

因此，根据数学归纳法可证明，对于每一个整数 n 来说，命题 An 都成立.

我们再来看看 $Pn = a + (a+d) + (a+2d) + \cdots (a+nd) = \frac{(n+1)(2a+nd)}{2}$ 这个公式.

它也可以写成：$Pn = \frac{n+1}{2}[a + (a+nd)]$

这个项恰好是首项.   这个项恰好是尾项.

所以，我们可以说：

算术级数 $Pn = a + (a+d) + (a+2d) + \cdots + (a+nd)$ 等于首项和尾项之和乘以总项数的一半.

根据定理 $1 + 2 + 3 + \cdots + n = \frac{n(n+1)}{2}$，我们可以推导出任何一个算术级数的 $(n+1)$ 个整数之和的公式.

假设整数序列中有任何一个整数 a，从 a 开始，以 d 为公差，形成一个算术级数 Pn.

则：

$$Pn = a + (a + d) + (a + 2d) + \cdots + (a + nd)$$

$$= a + a + d + a + 2d + \cdots + a + nd$$

$$= a + na + (1 + 2 + \cdots + n)d$$

$$= a(1 + n) + (1 + 2 + \cdots + n)d$$

$$= (n + 1)a + \frac{n(n + 1)d}{2}$$

$$= \frac{2(n + 1)a}{2} + \frac{n(n + 1)d}{2}$$

$$= \frac{2(n + 1)a + n(n + 1)d}{2}$$

$$= \frac{(n + 1)(2a + nd)}{2}$$

我们可以看到，当 $a = 0$，$d = 1$ 时，$Pn = \frac{n(n + 1)}{2}$，即前述定理.

通常，证明 $1 + 2 + 3 + \cdots + (n - 1) + n = \frac{n(n + 1)}{2}$ 的方法如下：

$$Sn = 1 + 2 + 3 + \cdots + (n - 1) + n$$

又 $Sn = n + (n - 1) + \cdots + 3 + 2 + 1$

Sn 为 n 个整数和.

则：

$$Sn + Sn = (n+1) + (n-1) + 2 + \cdots + 2 + (n-1) + (1+n)$$

$$2Sn = \underbrace{(n+1) + (n+1) + \cdots + (n+1) + (n+1)}_{\text{共} n \text{个} (n+1)}$$

$$2Sn = n(n+1)$$

$$Sn = \frac{n(n+1)}{2}$$

几何级数

几何级数，又称等比级数．一个几何级数是一个几何数列的各项之和．在几何数列中，任何一项与其前项的比率总是相同的．

一个几何数列：

1，2，4，8，16，32，…

注意，此数列中后一项与前一项之比相同：

$$\frac{2}{1}=2,\ \frac{4}{2}=2,\ \frac{8}{4}=2,\ \frac{16}{8}=2,\ \frac{32}{16}=2,\ \cdots$$

这个几何数列也可写成：

$1,\ 2^1,\ 2^2,\ 2^3,\ 2^4,\ 2^5,\ \cdots$

由此，我们可以推出一个几何数列的普遍形式：

$$a,\ aq^1,\ aq^2,\ aq^3,\ aq^4,\ aq^5,\ \cdots(q\neq1)$$

接下来，我们来看几何级数公式的证明．

我们用 n 表示任何一个整数，用 Gn 表示几何级数：

$$Gn = a + aq^1 + aq^2 + \cdots + aq^n = a \cdot \frac{1-q^{n+1}}{1-q} \quad (q \neq 1)$$

如 $a = 1$，$q = 2$，$n = 3$

则：$G_n = a \cdot \dfrac{1-q^{n+1}}{1-q}$

$$= 1 \cdot \frac{1-2^{3+1}}{1-2}$$

$$= \frac{1-16}{-1} = 15$$

而：$G_3 = 1 + 2^1 + 2^2 + 2^3 = 15$

可以用数学归纳法来求证：

a) 假使 $n = r$ 成立，则：

$$Gr = a + aq + aq^2 + \cdots + aq^r = a \cdot \frac{1-q^{r+1}}{1-q}$$

则：$G_{r+1} = a + aq + aq^2 + \cdots + aq^r + aq^{r+1}$

$$= G_r + aq^{r+1} = a \cdot \frac{1-q^{r+1}}{1-q} + aq^{r+1}$$

$$= a \cdot \frac{1-q^{r+1}}{1-q} + a \cdot \frac{q^{r+1}(1-q)}{1-q}$$

$$= a \cdot \frac{1-q^{r+1} + q^{r+1}(1-q)}{1-q}$$

$$= a \cdot \frac{1-q^{r+1} + q^{r+1} - q \cdot q^{r+1}}{1-q}$$

$$= a \cdot \frac{1 - q^{(r+1)+1}}{1 - q}$$

则 $n = r + 1$ 时，

$$Gn = a \cdot \frac{1 - q^{n+1}}{1 - q}$$

b) 当 $n = 1$ 时，

$$G_1 = a + aq = \frac{a(1 - q^2)}{1 - q}$$

$$= \frac{a(1 + q)(1 - q)}{1 - q} = a(1 + q)$$

所以 $n = 1$ 时，G_1 当然成立.

由 a)，b) 两个条件可知：

$$Gn = a \cdot \frac{1 - q^{n+1}}{1 - q} (q \neq 1) 成立.$$

几何级数 $Gn = a + aq + aq^2 + \cdots + aq^n = a \cdot \frac{1 - q^{n+1}}{1 - q}$

有时也用下面的方法证明.

设：$Gn = a + aq + \cdots + aq^n$，

则：$q \cdot Gn = aq + aq^2 + \cdots aq^{n+1}$

（即在上面方程式两边乘以 q.）

则：

$$Gn - q \cdot Gn = a + (aq - aq) + (aq^2 - aq^2)$$

$$+ \cdots + (aq^n - aq^n) - aq^{n+1}$$

$$= a - aq^{n+1}$$

则：

$$(1-q)Gn = a(1-q^{n+1})$$

$$Gn = a \cdot \frac{1-q^{n+1}}{1-q}$$

最前面的 n 个自然数的平方和

我们已经讲过平方的表示法和计算法．那么，最前面的 n 个自然数的平方和如何计算呢？

我们可以用下面这个公式来表示最前面的 n 个自然数的平方和：

$$1^2 + 2^2 + 3^2 + \cdots + n^2 = \frac{n(n+1)(2n+1)}{6}$$

这个等式也可用数学归纳法来证明：

a) 假设 $n = r$ 等式成立，即：

$$1^2 + 2^2 + 3^2 + \cdots r^2 = \frac{r(r+1)(2r+1)}{6}$$

在等式两边都加上 $(r+1)^2$ 后得：

$$1^2 + 2^2 + 3^2 + \cdots + r^2 + (r+1)^2$$

$$= \frac{r(r+1)(2r+1)}{6} + (r+1)^2$$

$$= \frac{r(r+1)(2r+1) + 6(r+1)^2}{6}$$

$$= \frac{(r+1)\left[r(2r+1)+6(r+1)\right]}{6}$$

$$= \frac{(r+1)(2r^2+7r+6)}{6}$$

$$= \frac{(r+1)(r+2)(2r+3)}{6}$$

$$= \frac{(r+1)\left[(r+1)+1\right]\left[2(r+1)+1\right]}{6}$$

b) 而：$1^2 = \dfrac{1(1+1)(2+1)}{6}$ 显然成立.

因此：$1^2 + 2^2 + 3^2 + \cdots + n^2 = \dfrac{n(n+1)(2n+1)}{6}$ 显然

成立.

数学的创造性成分

　　我们可以利用数学归纳法原理求证许多等式，但却往往难以用它解释那些被求证的等式是如何被写出来或者说是如何被发现的．有的人认为，这些数学等式的得来，是一种创造，而不是发现．

　　比如，我们可以用数学归纳法原理证明：

$$1^3 + 2^3 + 3^3 + \cdots + n^3 = \left[\frac{n(n+1)}{2}\right]^2,$$

$$(1+p)^n \geqslant 1 + np \, (p > -1),$$

　　但我们只是证明了这些等式或不等式成立，可是它们是怎么得来的呢?

　　不得不承认，它们的"被写出"，与创造性直觉有关．数学包含着创造性的成分．

数论

　　数论是关于整数的理论．长期以来，许多数学家都对数论情有独钟．近代著名数学家高斯（Carl Friedrich Gauss，1777～1855）曾说："数学是科学的皇后，而数论则是数学的皇后"．可见数论在数学中的重要地位．

质数（素数）

质数，也叫素数，是数论中一个非常重要的门类.

一个质数，是一个大于 1 的整数，除了 1 之外没有其它因子.

如果说整数 a 是整数 b 的因子或除数，则有整数 c 可使 $b = ac$.

大多数整数能被分解出较小的因子．比如：$4 = 2 \times 2$，$10 = 2 \times 5$，$20 = 2 \times 2 \times 5$，等等．每一个整数都可用多个质数的相乘积来表示．不属于质数的整数(0 与 1 除外)称为合成数.

例如，从 1 到 20 的整数中，2，3，5，7，11，13，17 是质数，4，6，8，9，10，12，14，15，16，18，20 都是合成数.

质数的数量是无限的.

或者说，质数有无穷多个.

古希腊数学家欧几里得在《几何原本》一书中对这一命题用间接方式进行了证明.

这一命题在《几何原本》中表述为：

预先给定任意多个质数，则有比它们更多的质数.

欧几里得的证明如下：

断言有比 A，B，C 更多的质数.

为此，取能被 A，B，C 量尽的最小数，并设它为 DE，再给 DE 加上单位 DF.

A ——

B ———

C ————

E ————————————— D F

那么，EF 或者是质数，或者不是质数.

首先，设 EF 是质数.

那么，已找到多于 A，B，C 的质数 A，B，C，EF.

其次，设 EF 不是质数，那么它能被某个质数量尽.

设 EF 可被质数 G 量尽.

可断言，G 与质数 A，B，C 任何一个都不相同.

如可能，设 G 等于 A，B，C 之一.

那么，因为 A、B、C 量尽 DE，于是：G 也量尽 DE，而它也量尽 EF. 于是：G 便是量尽其余值的数，即单位 DF，这是荒谬的.

所以：G 不等于 A、B、C 的任何一个。且为质数．于是：质数 A、B、C。和 G 被发现出来，多于预先给定的质数 A、B、C.

所以：预先给定几个质数，那么有比它们更多的质数．

（参见《几何原本》第Ⅸ卷命题20的证明．）

这一命题的证明方法在如今数学的数论教程中，更加简洁：

设 a，b，c，$\cdots$，k 是一些质数，那么它们的乘积加1，那 $abc\cdots k+1$ 或者是质数或者不是质数．

a）如果 $abc\cdots k+1$ 是质数，那么就给已知质数又添加了一个质数；

b）如果 $abc\cdots k+1$ 不是质数，那么它必有一个质数因子 p．

那么 p 不同于 a，b，c，$\cdots$，k 中的任何一个，否则，设 p 是 a，b，c，$\cdots$，k 其中的一个，由于 p 整除 $abc\cdots k$，于是它就需整除1，这显然是不可能的．

所以，在任何情况下，我们都可得到一个新的质数．

用这种方法，我们可以得到无穷多个质数．

每一个大于1的整数被分解成质数的相乘积只能有一种形式（各个质数因子的排列顺序可以任意）．这是一个"算数基本定理"．

这个"算术基本定理"可用间接方式来证明．

如果一个正整数的分解形式有两种不一样的质数相乘积，那么就有一个这一类的最小整数，

$$m = p_1 p_2 p_3 \cdots p_r = q_1 q_2 q_3 \cdots q_s,$$

其中所有的 p、q 都是质数．我们设 $p_1 \leqslant p_2 \leqslant p_3 \leqslant \cdots \leqslant p_r$，$q_1 \leqslant q_2 \leqslant q_3 \leqslant \cdots \leqslant q_s$，如此，$p_1$ 不可能等 q_1．因为若 $p_1 = q_2$，p_1、q_1 作为因子，就可以在 $p_1 p_2 p_3 \cdots p_r = q_1 q_2 q_3 \cdots q_s$ 等式两边消去，从而得到一个比 m 小的整数的两种质数分解形式，这样就与 m 作为最小整数相矛盾了.

因此，$p_1 < q_1$ 或 $p_1 > q_1$.

首先，假设 $p_1 < q_1$，有一个比 m 更小的整数 m'（这是我们设想出来的），则有

$$m' = m - p_1 q_1 q_2 q_3 \cdots q_s,$$

将 $m = p_1 p_2 p_3 \cdots p_r = q_1 q_2 q_3 \cdots q_s$ 代入上式，

则有

$$m' = p_1 p_2 p_3 \cdots p_r - p_1 q_1 q_2 q_3 \cdots q_s$$
$$= p_1 (p_2 p_3 \cdots p_r - q_2 q_3 \cdots q_s)$$

或 $m' = q_1 q_2 q_3 \cdots q_s - p_1 q_2 q_3 \cdots q_s$
$$= (q_1 - p_1)(q_2 q_3 \cdots q_s)$$

由于 $p_1 < q_1$，可知 $m' = (q_1 - p_1)(q_2 q_3 \cdots q_s)$ 是一个正整数，而从等式 $m' = m - p_1 q_1 q_2 q_3 \cdots q_s$，

可知，m' 小于 m. 因此除了 m' 各分解因子的排列先后顺序之外，m' 的质数分解形式必须是独一无二的.

但是，从 $m' = p_1 (p_2 p_3 \cdots p_r - q_2 q_3 \cdots q_s)$ 看来，质数 p_1 是 m' 的一个因子，因此，从另一个式子 $m' = (q_1 - p_1)(q_2 q_3 \cdots q_s)$ 可知 p_1 一定是 $(q_1 - p_1)$ 或是 $(q_2 q_3 \cdots q_s)$ 的因子. 因

为我们已经假定 m' 的质数分解形式只能有一种．质数 p_1 是 $q_2 q_3 \cdots q_s$ 的因子是不可能的．因为每一个质数 q_2、q_3、$\cdots q_s$ 都比质数 p_1 大．因此，p_1 必然是 $(q_1 - p_1)$ 的因子．于是，便存在那么一个整数 h，可使

$$q_1 - p_1 = p_1 \cdot h$$
$$q_1 = p_1 \cdot h + p_1 = p_1(h+1)$$

这一结果显示，质数 p_1，是 q_1 的因子，这显然违反了 q_1 原来是一个质数的事实．这一矛盾显示出整数 m 有两种完全不一样的质数相乘积的假设不成立.

至此，每一个大于 1 的整数被分解成质数的相乘积只能有一种形式这一算术基本定理即证明完成.

以上这条算术基本定理有一条附属定理：

如质数 p 是相乘积 ab 的一个因子，则 p 必须是 a 或 b 的一个因子.

因为假如 p 不是 a 或 b 的一个因子，则整数 ab 的质数分解形式中不含 p.

又由于 p 是整数 ab 的因子，因此存在某个整数 t，可使

$$ab = pt$$

因此整数 ab 的质数分解形式中包含了 p，这就违反了整数 ab 的质数分解形式只能有一种的事实.

对数 * * *

对数(logarithm)是人们为方便快速地进行多位数运算而发明的.

一个多位数(其实无论是几位数),只要写成 10^r 的形式,就方便计算了. 两个多位数 x,y,可以分别写成 $x = 10^r$ 和 $y = 10^s$. $x \times y = 10^r \times 10^s = 10^{r+s}$. 知道了 r、s,就可算出 $r+s$,也就可得出作为乘积中的 10 的次方(幂),$x \times y$ 便可方便地计算了.

就数字 x,为了写成 $x = 10^r$ 的形式,需要先找到 r. 求 r 的过程,叫作以 10 为底数,求 x 的对数 r. 取对数 r 的过程,可记作:

$r = \log_{10} x$

开普勒(Kepler,J.)于 1624 年用 log 作为表示对数的符号,即对数符号.

如果 $x = a^r$(a 为正数),

则 $r = \log_a x$

即表示 r 是以正数 a 为底的 x 的对数.

当 $a = 10$ 时，即前面提到的 $\log_{10} x$，称为常用对数. 欧拉(Leonhard Euler，$1707 \sim 1783$)在开普勒之后，用 log 表示常用对数.

当 $a = e$ ($= 2.71828\cdots$)时，$\log_e x$ 称为自然对数，亦记作 $\log x$ 或 $\ln x$. 在表示常用对数，自然对数时，不同的数学家常使用各自喜欢的表示法，x 也常用 n 等字母替代. 关于自然对数，我们后面还会再讲到.

部分数的常用对数近似值如下表所示：

2	3	6	7	8	9	11	12	13	14	15	16	17	18	19
0.30	0.48	0.78	0.85	0.90	0.95	1.04	1.08	1.11	1.15	1.18	1.20	1.23	1.26	1.28

上表中未写出 4、5、10 等自然数的对数，那很容易算出来. 因为合成数的常用对数等于它的质数因数的常用对数之和. 如 5 的常用对数是 10 的对数 1.00 减去 2 的常用对数 0.30，即为 0.70.

最小公倍数

如果 m 和 n 是两个正自然数，那么将 m 和 n 的质数分解式中所有的质数因子相乘(在两个分解式中共同出现的每个质数因子只取一次)就可得到最小公倍数．两个正自然数 m 和 n 的最小公倍数可记作：

*lcm ：即是最小公倍数
英文 least common multiple
三个英文单词的字头．

例如：有 $m = 24$，$n = 28$

$24 = 2 \times 2 \times 2 \times 3$，$28 = 2 \times 2 \times 7$

则：

$lcm(24, 28) = 2 \times 2 \times 2 \times 3 \times 7$

$= 168$

最大公约数

　　如果 m 和 n 是两个正自然数，将同时出现在 m 和 n 的质数分解式中的质数相乘就可得到 m 和 n 的最大公约数.正自然数 m 和 n 的最大公约数可记作：

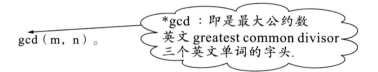

gcd (m, n) 。

*gcd ：即是最大公约数
英文 greatest common divisor
三个英文单词的字头.

　　例如：有 $m = 24$ ，$n = 28$

$$24 = 2 \times 2 \times 2 \times 3, \ 28 = 2 \times 2 \times 7$$

　　则：

$$\gcd(24, \ 28) = 2 \times 2 = 4$$

互质数

互质数，又叫互素数.

如果两个正自然数 m 和 n 的最大公约数等于 1，则 m 和 n 互质.

即 $\gcd(m, n) = 1$，m 和 n 互质.

例如:

$m = 3$，$n = 5$，$\gcd(m, n) = \gcd(3, 5) = 1$，$m$，$n$ 互质.

又如:

$m = 5$，$n = 6$，$\gcd(m, n) = \gcd(5, 6) = 1$，$m$，$n$ 互质.

但是，数 5 和数 10 不互质，因为它们的最大公约数不是 1.

质数的分布初探

数学家们做了很多努力寻找算术公式来推导质数.

法国数学家费马（Pierre Fermat，160？ ～1665）曾提出一个猜测，认为凡是可用

$$F(n) = 2^{2^n} + 1$$

表示的数都是质数．我们可以看到，当 $n = 1$，2，3，4 时：

$$F(1) = 2^2 + 1 = 5,$$

$$F(2) = 2^{2^2} + 1 = 2^4 + 1 = 17,$$

$$F(3) = 2^{2^3} + 1 = 2^8 + 1 = 257,$$

$$F(4) = 2^{2^4} + 1 = 2^{16} + 1 = 65537,$$

5，17，257，65537 都是质数.

但是，当 $n = 5$ 时：

$$F(5) = 2^{2^5} + 1 = 2^{32} + 1 = 4294967297$$

4294967297 这个数是可以分解的.

这一情况（事实），是数学家欧拉于 1732 年发现．欧拉发现，$2^{2^5} + 1 = 4294967297 = 641 \times 6700417$，这说明 4294967297 不是质数．此后，越来越多的 $F(n) = 2^{2^n} + 1$ 形

式的数被发现不是质数，而是合成数.

还有其他一些算术公式被数学家们写出来用以推导质数，但都在一定的情况下被发现失效了.

数学家狄利克雷(Peter Gusfav Lejeune Dirichlet，1805 ~ 1859)于1837年发现了算术级数定理，即：每一种算术级数都含有无穷多个质数. 这个"狄利克雷算术级数定理"也可表述为：

如果 a 和 d 是两个互质的自然数，那么数列 a，$a+d$，$a+2d$，$a+3d$，…含有无穷多个质数.

这个定理还可表述为：每一个算术数列 $\{an+d：n=0，1，2，…\}$（a，d 互质）中含有无穷多个质数.

质数定理 * * *

  数学家们最初尝试用公式推导出全部质数．但是，很多努力说明这条路似乎不可能实现找出全部质数的目的．后来，数学家们变换了思路，开始研究质数在整数中的平均分布情况．这个问题好比求质数在最前面的 n 个整数范围内的密度．

  若以 A_n 表示在整数 1，2，3，…，n 范围内的质数数量，则在最前面的 n 个整数范围的质数密度可以表示为一个比率：

$$\frac{An}{n}\text{或} A_n / n.$$

  我们可以知道，随着 n 值不断增大，A_n / n 的值会不断变小．

  根据质数一览表，对于 n 值的各个 A_n / n 的值可以根据实际数据计算出来．当 n 值很小时，A_n / n 的值的变化极无规则；但是，当 n 值变得相当大时，A_n / n 的值会呈现出一定的规律性．

  下表是 $n = 10^3$，$n = 10^6$，$n = 10^9$ 时 $\dfrac{A_n}{n}$ 的值.

n	A_n/n
10^3	0. 168
10^6	0. 078498
$10^{9\cdots}$	0. 050847478
	......

当 n 变得相当大时，$\dfrac{A_n}{n}$ 的值的变化规律性也不是直接呈现出来的. 数学家高斯发现，当 n 值不断增大至足够大时，$\dfrac{A_n}{n}$ 的值会越来越接近 $\dfrac{1}{\log n}$ 的值. 这就意味着，$\dfrac{A_n}{n}$ 除以 $\dfrac{1}{\log n}$ 的值会越来越接近于 1.

下表是 $n = 10^3$，$n = 10^6$，$n = 10^9$ 时 A_n/n、$1/\log n$、$\dfrac{An/n}{1/\log n}$ 的值.

n	A_n/n	$1/\log n$	$\dfrac{An/n}{1/\log n}$
10^3	0. 168	0. 145	1. 159
10^6	0. 078498	0. 072382	1. 084
10^9	0. 050847478	0. 048254942	1. 053
......	......	......	......

这就是说，只要 n 值足够大，$\dfrac{A_n}{n}$ 会渐近于 $\dfrac{1}{\log n}$，而

$\dfrac{An/n}{1/\log n}$ 会趋向于 1.

因此，有：

"≈"是约等于的意思.

$An \approx \dfrac{n}{\log n}$（因为 $\dfrac{A_n}{n} \approx \dfrac{1}{\log n}$）

我们也可以这样表述：

不超过 n 的质数个数渐近于 $\dfrac{n}{\log n}$.

这是一条质数定理，是质数分布理论的核心定理.

英国数学家哈代（Godfreg Harold Hardy，1877 ~ 1947）在其著作《数论导引》（*An Introduction to the Theory of Numbers*）中将这条质数定理表述为：

不超过 x 的质数个数渐近于 $\dfrac{x}{\ln x}$，即 $\pi(x) \sim \dfrac{x}{\ln x}$.

在这一表述中，哈代定义函数 $\pi(x)$ 是从 1 到不超过 x 的质数的个数，而 $\dfrac{x}{\ln x}$ 是 $\pi(x)$ 的好的近似.（什么叫"函数"，参见下一节.）

要理解上面这条质数定理，有必要就 $\log n$ 加以说明. 在此，我们用 $\log n$ 表示整数 n 的自然对数. $\log$ 代表 $\log_e$ 或 $\ln$，意为以 e 为底的自然对数.（对数符号在历史上多次变换，大约自 2005 年起，许多数学家用 $\log$ 表示 $\log_e$.）

那么，$\log n$（即 $l_n n$）的明确定义是什么呢？为说明一这问题，我们选取一个平面上两条互相垂直的轴线，并考虑该平面上所有分别与 x、y 两条轴的距离的相乘积等于 1 的各点的轨迹．这条轨迹就是由方程式 $xy = 1$ 所定义的等轴双曲线．从 $x = 1$ 和 $x = n$ 处向曲线做垂线，这两条垂直线与 x 轴和曲线相截形成的两条线段，（一段曲线和一段 x 轴）构成的图形面积为 $\log n$．

作图示如下：

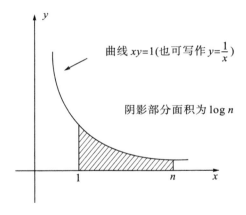

曲线 $xy=1$(也可写作 $y=\dfrac{1}{x}$)

阴影部分面积为 $\log n$

在数学家哈代的《数论导引》中，用 $\ln x$ 来表示对数函数．$\ln x$ 即 $\log_e x$，相当于上文中的 $\log n$．

数学家陈景润在其著作《初等数论》中，用 $\log x$ 表示整数 x 的自然对数，相当于上文中的 $\log n$．

值得一提的是，至此，我们只是表述了质数定理，但是它的证明则是另一回事．质数定理的证明并非易事，我们权且不提．

函数 * * *

你一定知道，你在银行中存款利息的多少，取决于银行的利率．如果用 x 代表利率，用 y 代表利息，则 x 越大，y 便越大．我们可以称 x 为自变量，y 为因变量．x 作为元素，属于一个集合；y 作为元素，属于另一个集合．对一个集合中的每个元素(x)指定另一个集合中唯一确定的一个元素(y)的规则称为函数．从一个集合到另一个集合的函数，好像是对每个输入指定一个唯一确定的输出的机器；输入构成函数的定义域，输出构成函数的值域．函数的定义可以用下面的示意图表示：

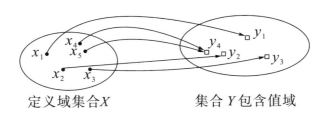

定义域集合 X 集合 Y 包含值域

请注意，下图图示的不是一个函数，因为 X 中的元素 a 对应的 Y 中的元素(b_1，b_2)不是唯一的．

　　数学家欧拉创造了用 $y = f(x)$ 来说 y 是 x 的函数.（有兴趣者可阅读欧拉著作《无穷分析引论》（下）中的"曲线概述"，以了解函数与曲线的关系，从而培养代数与几何相互关联的数学思维.）

　　$y = f(x)$ 读作" y 等于 f 、 x ".

　　$y = f(x)$ 还给出了记函数特定值的方法.如：$x = a$ 时，即 f 在 a 处的值，可记作 $f(a)$ ，读作" f 、 a ".

　　当然，如果你愿意，也可用其他字母来替换 $y = f(x)$ 中的" y "、" x "，如用 $S = f(r)$ 来表示圆面积 s 是半径 r 的函数.再如，在上一节中提到，哈代定义 $\pi(x)$ 是从 1 到不超过 x 的质数的个数.

求最大公约数的欧几里得演算法

对较小的两个整数，经直接测试（试错）就可很容易得到最大公约数．比如，我们很容易就可找到 6 和 8 的最大公约数是 2，即 gcd(6，8) = 2. 我们也很容易看出 gcd(5，9) = 1. 我们得到 gcd(6，8) = 2 和 gcd(5，9) = 1 的过程，实际上就是思维中经过的快速测试（试错）的过程．但是，当遇到两个大数值时，这种方法就不太灵光了．这时，我们可以用简洁而明确的欧几里得演算法来求最大公约数.

我们先来看已经被我们熟悉的长除法.

利用长除法，一个整数可以除以另一个整数至余数小于除数为止.

例如：
$$7\overline{\smash{\big)}\,64}$$
中 9，63，1（竖式长除法：商为 9，$7 \times 9 = 63$，余 1）

用等式形式表示，$64 = 7 \times 9 + 1$

我们可以用一个普遍定理来说明长除法过程：

设有整数 a，$b(b > 0)$，可找到一个整数 q，使得 $a = b \times q + r(0 \leqslant r < b)$.

（＊当然，也可以用符号 m，n 来代替 a，b 表示任何整

087

数，上面表述中的 q 也可替换成 a 或其他符号．这种形式上的符号的替换在数学中常常会遇到，我们需要渐渐适应这种替换思维．）

$64 = 7 \times 9 + 1$ 就是 $a = b \times q + r$ 这种形式：

$$
\begin{array}{c}
64=7 \times 9+1 \\
\updownarrow \quad \updownarrow \; \updownarrow \; \updownarrow \\
a=b \times q+r
\end{array}
$$

欧几里得演算法就建立在任何以 $a = b \times q + r (0 \leqslant r < b)$ 为形式的一个关系之上．

由 $a = b \times q + r (0 \leqslant r < b)$

可得到：$\gcd(a, b) = \gcd(b, r)$.

$\gcd(a, b) = \gcd(b, r)$ 何以能成立呢？

因为对任何同时能整除 a 与 b 的整数 u 来说，$a = su$，$b = tu$，

则：$r = a - b \times q$

$= su - tuq$

$= (s - tq)u$

$(s - tq)u$ 是两个整数相乘积的形式，也就是说，r 也能被 u 整除．

而就每一个整除 b 与 r 的整数 v 而言，$b = s'v$，$r = t'v$

则：$a = b \times q + r$

$$= s'vq + t'v$$

$$= (s'q + t')v$$

$(s'q + t')v$ 也是两个整数相乘积的形式，也就是说，v 也可整除 a.

因此，每一个 a 与 b 的共同因子同时可整除 b 与 r，反之，每一个 b 与 r 的共同因子同时也可整除 a 与 b，即：gcd $(a, b) = $ gcd(b, r).

下面，我们利用这一规律来求 1804 和 328 的最大公约数：

$$328 \overline{)\begin{array}{r} 5 \\ 1804 \\ 1640 \\ \hline 164 \end{array}}$$

可得：$1804 = 5 \times 328 + 164$

则：gcd$(1804, 328) = $ gcd$(328, 164)$

$$164 \overline{)\begin{array}{r} 2 \\ 328 \\ 328 \\ \hline 0 \end{array}}$$

得：$328 = 2 \times 164 + 0$

则：gcd$(328, 164) = $ gcd$(164, 0) = 164$

因此：gcd$(1804, 328) = $ gcd$(328, 164)$

$$= \text{gcd}(164, 0) = 164$$

也就是说，gcd$(1804, 328)$ 等于以上算法中最后一个不为零的余数（正余数）。

我们用普遍形式来表示上述演算法：

设 a，b 为非零整数，按相继的长除法流程，有：

$a = bq_1 + r_1$ $\qquad(0 < r_1 < b)$

$b = r_1q_2 + r_2$ $\qquad(0 < r_2 < r_1)$

$r_1 = r_2q_3 + r_3$ $\qquad(0 < r_3 < r_2)$

$r_2 = r_3q_4 + r_4$ $\qquad(0 < r_4 < r_3)$

…………

$r_{n-2} = r_{n-1}q_n + r_n$ $\qquad(0 < r_n < r_{n-1})$

$r_{n-1} = r_nq_{n+1} + 0$

当余数等于 0 时，可知：

$\gcd(a，b) = r_n$

因此：$\gcd(a，b) = \gcd(b，r_1) = \gcd(r_1，r_2)$

$= \gcd(r_2，r_3) = \gcd(r_3，r_4) = \cdots$

$= \gcd(r_{n-1}，r_n) = \gcd(r_n，0) = r_n$

在欧几里得的《几何原本》中，这种算术方式是以几何方式来呈现的. 欧几里得用几何方式寻找两个整数的最大公约数. 因此，这种算法被称为欧几里得演算法.

同余 **

设 a，b 及 d 都是整数，当且仅当 $a-b$ 的差（或说"差 $a-b$"）被 d 整除时，a 和 b 称为对于模（$modulo$）d 同余（$congruence$），记为：

$$a \equiv b \bmod d. \quad （d \text{ 总取绝对值}）$$

高斯在《算术探索》一书中，首先用"$\equiv$"表示数的同余关系."$\equiv$"在几何中表示全等. 黎曼曾在《椭圆函数论》中用"$\equiv$"表示恒等式.

例如：

设 $a=5$，$b=2$

则 $a-b=5-2=3$

$5-2$ 的差 3 可被 3 整除，所以，$5 \equiv 2 \bmod 3$.

再如：

设 $a=-13$，$b=-18$

则 $a-b=-13-(-18)=-13+18=5$

$-13-(18)$ 的差 5 可被 5 整除，

所以，$-13 \equiv -18 \bmod 5$.

同余式 $a \equiv b \bmod d$ 也可记为

$$a \equiv b(\bmod\ d),$$

如果模数 d 已经确定无疑，同余式中的"modd"便可以省略.

如果 a 与 b 不同余模 d，则可用 $a \not\equiv b(\bmod\ d)$ 来表示.

为了不至于在同余运算产生误解，将同余式记为 $a \equiv b(\bmod\ d)$ 这种形式可能更好.

同余的主要运算法则如下：

① $a \equiv a(\bmod\ d)$.

② 由 $a \equiv b(\bmod\ d)$ 可推出 $b \equiv a(\bmod\ d)$.

③ 由 $a \equiv b(\bmod\ d)$ 及 $b \equiv c(\bmod\ d)$，

可推出 $a \equiv c(\bmod\ d)$，

④ 由 $a \equiv b(\bmod\ d)$ 及 $c \equiv r(\bmod\ d)$，

可推出 $a + c = b + r(\bmod\ d)$，

及 $ac \equiv br(\bmod\ d)$.

有这样一个定理：如果 a 和 d 是互质的自然数，那么方程 $at \equiv 1(\bmod\ d)$ 有正整数解 t.

同余的观念可以使我们在直线上找到对应于每一个整数的每一点，如下图所示：

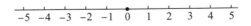

我们可以很直观地看到每个整数和它相邻整数之间的关系. 设任何一个整数 a，它之前一个整数 $a-1$，则 $a-(a-1)=1$. 也就是说，$a \equiv a-1(\bmod 1)$.

借助同余的观念，我们可以对日常生活中常常习以为常的手表或时钟的表盘有一种新的认识.

下图是常见的手表表盘图示：

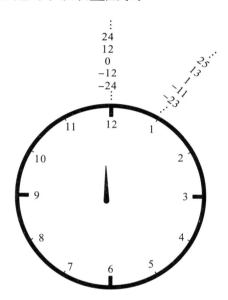

我们知道，时针指向"12"表示是 12 点钟，或者是 24 点钟，有时我们也把 24 点称为 0 点．我们可以直观地发现，0 点、12 点都是用时针指向的同一个点来表示的．我们可以认为，实际上确实也是：

$$12 \equiv 0 \,(\bmod 12)$$

$$24 \equiv 12 \,(\bmod 12)$$

如果我们将时针逆时针方向倒拨一周所指向的点视为是"−12"，实际上"−12"也"0"同余于模 12，那 −12

$\equiv 0 (\bmod 12)$. 因此，我们可以认识到，在时针所指向的 12 点钟的那个点上，可以标出无穷多个整数，它们都与 0 同余于模 12.

在代表 1 点钟的那个刻度处(或那个点上)，同样可以标出无穷多个整数，它们都与 1 同余于模 12.

以此类推，我们可以发现，圆周被等分成 12 份的手表表盘盘面实际上呈现了整数同余于模 12 的几何表示.

费马小定理

　　法国数学家费马在 17 世纪发现了一个非常重要的质数定理：

　　如任何一个质数 p 不能被整数 a 整除，那么有 $a^{p-1} \equiv 1(mod\,p)$.

　　例如：

　　$10^2 \equiv 1(\text{mod } 3)$　（$a = 10$，$p = 3$）

　　$2^{12} \equiv 1(\text{mod } 13)$　（$a = 2$，$p = 13$）

　　$10^{10} \equiv 1(\text{mod } 11)$　（$a = 10$，$p = 11$）

　　我们来核对一下 $10^2 \equiv 1(\text{mod } 3)$ 是否正确.

　　$10^2 = 100$

　　$100 - 1 = 99$ 可以被 3 整除.

　　所以 $10^2 \equiv 1(\text{mod } 3)$ 成立.

连分数

连分数是一种合成分数，可以表示为如下形式：

$$a_0 + \cfrac{1}{a_1 + \cfrac{1}{a_2 + \cfrac{\ddots}{\quad + \cfrac{1}{a_n}}}}$$

其中所有 a_0，a_1，a_2，$\cdots$，a_n 都是正整数．任何一个有理数都能够用连分数形式表示出来．任何一个有理数可以写成 $\dfrac{m}{n}$（$n \neq 0$，m，n 为整数）形态，所以连分数实际上可以看成是两个整数之商的表示方式．因为这也是处理关于整数的问题，所以也是数论的内容之一.

从求两个整数最大公因数的欧几里得演算法中，我们可以发展出连分数的表达形式.

例如，在求 gcd(840，611) 的过程中，利用欧几里得演算法，可以得到一系列式子：

$840 = 1 \times 611 + 229$

$611 = 2 \times 229 + 153$

$$229 = 1 \times 153 + 76$$

$$153 = 2 \times 76 + 1$$

可得 $\gcd(840, 611) = 1$.

我们可以将求 $\gcd(840, 611)$ 过程中得到的各个式子写成：

$$\frac{840}{611} = 1 + \frac{229}{611} = 1 + \cfrac{1}{\boxed{\cfrac{611}{229}}}$$

代入

$$\frac{611}{299} = 2 + \frac{153}{229} = \left(2 + \cfrac{1}{\boxed{\cfrac{229}{153}}}\right)$$

代入

$$\frac{229}{153} = 1 + \frac{76}{153} = \left(1 + \cfrac{1}{\boxed{\cfrac{153}{76}}}\right)$$

$$\frac{153}{76} = 2 + \frac{1}{76} = 2 + \cfrac{1}{\cfrac{76}{1}} = \left(2 + \cfrac{1}{76}\right)$$

把以上几个式子结合起来，即将 $\frac{153}{16} = 2 + \frac{1}{76}$ 代入 $1 +$

$\cfrac{1}{\cfrac{153}{76}}$ 后为 $1 + \cfrac{1}{2 + \cfrac{1}{76}}$，再将 $1 + \cfrac{1}{2 + \cfrac{1}{76}}$（等于 $\frac{229}{153}$）代入 $2 + \cfrac{1}{\cfrac{229}{153}}$ 得

到 $2 + \cfrac{1}{1 + \cfrac{1}{2 + \cfrac{1}{76}}}$，再将 $2 + \cfrac{1}{1 + \cfrac{1}{2 + \cfrac{1}{76}}}$（等于 $\frac{611}{229}$）代入 $1 + \cfrac{1}{\cfrac{611}{229}}$

后得到 $1 + \cfrac{1}{2 + \cfrac{1}{1 + \cfrac{1}{2 + \cfrac{1}{76}}}} = \cfrac{840}{611}$

也就是说，我们为有理数 $\dfrac{840}{611}$ 找到了一种连分数的表达

方式.

数的扩张与分类

之前，我们已经讲了自然数、整数和有理数的一些知识．从自然数，到整数，再到有理数，就是数的不断扩张过程．数的范围，还可以从有理数进一步扩张到"实数"，再从"实数"扩张到"复数"．

下面，是数的扩张与分类表：

自然数

↓

整数 $\begin{cases} 零 \\ 正整数 \\ 负整数 \end{cases}$ $\begin{bmatrix} 一般认为零和正 \\ 整数都是自然数 \end{bmatrix}$

↓

有理数 $\begin{cases} 零 \\ 正有理数 \\ 负有理数 \end{cases}$ 有限小数或无限循环小数

↓

实数 $\begin{cases} 有理数 \\ 无理数 \begin{cases} 正无理数 \\ 负无理数 \end{cases} 无限不循环小数 \end{cases}$

$$\downarrow$$

$$复数\begin{cases} 代数数\begin{bmatrix} 有理数、有理整数（即一般意义下的 \\ 整数）和代数整数都是其特例. \end{bmatrix} \\ 超越数[\,实超越数是无理数的特例\,] \end{cases}$$

接下来，我们继续研究一下有理数的性质，为从有理数向无理数扩张做准备.

引入有理数对于运算规则的意义

之前，我们已经简单讲过有理数的运算，但是并未从引入有理数对于运算规则的意义这一角度系统解释算术运算规则从自然数领域扩展到有理数范围内的内在逻辑．现在，我们来补充说明一下．

显然，在自然数领域，加法与乘法两种运算规则永远适用．但是，加法与乘法的逆运算——减法和除法，针对自然数的减法和除法规则就可能遇到麻烦，因为减法和除法的结果会出现非自然数的情况，这就使引入新的数或扩大数的领域成为必要．

如果两个整数 a 和 b 的差 $b-a$ 是一个整数 c，则有 $a+c=b$，即 c 是方程式 $a+x=b$ 的解.

在自然数领域内，$b-a$ 作为一个代号，只有在 $b>a$ 的情况下才有意义．因为只有满足 $b>a$ 这一条件，方程式 $a+x=b$ 才能有一个自然数 x 作为它的解．

通过确立 $a-a=0$ 引入符号"0"，当 $a=b$ 时，方程式 $a+x=b$ 的解 $x=0$；原来的运算法则得以成立.

再进一步，通过确立 -1，-2，-3，…，等符号，方

式程式 $a + x = b$ 的解 $x = b - a$ 在 $b < a$ 时仍可确立，即可记为 $x = b - a = -(a - b)$. 于是，减法可以在负、正整数的领域内无限制地进行.

为了进一步使乘法分配律能够在负整数出现时仍然适用，即使 $a(b + c) = ab + ac$ 对负整数仍然有效，我们必须规定一条重要规则，即负数与负数相乘为正数.

以 $(-1) \times (-1)$ 为例，我们规定：

$$(-1) \times (-1) = 1$$

因为若非如此，即假设 $(-1) \times (-1) = -1$，那么当 $a = -1$，$b = 1$，$c = -1$ 时，基于运算规则

$$a(b + c) = ab + ac$$

有：$-1 \times [1 + (-)1] = -1 \times (1 - 1)$
$$= (-1) \times 1 + (-1) \times (-1)$$
$$= -1 - 1 = -2$$

而实际是：$-1 \times [1 + (-1)] = -1 \times (1 - 1) = -1 \times 0 = 0$

也就是说，假设 $(-1) \times (-1) = -1$ 是不能成立的.

但是，要注意的是，我们并未证明 $(-1) \times (-1) = 1$.

实际上，这条规则是我们创造的.

为了使算术运算规则能够在更大的范围内适用，我们必须承认这一创造的规则.

正如 0 与负整数的引入消除了减法运算可能出现的障碍，分数的引入为除法运算排除了障碍.

整数 b 除以整数 a 的商 $\dfrac{b}{a}$，可以定义为方程式 $ax=b$ 的解，即 $x=\dfrac{b}{a}$. 显然，只有当 b 能被 a 整除时，x 才是一个整数. 假如 b 不能被 a 整除，我们要使 $\dfrac{b}{a}$ 是一个数，我们只要引入 $\dfrac{b}{a}$ 这一新符号，并把它叫作分数即可. 我们同时规定 $a\times\left(\dfrac{b}{a}\right)=b,a\neq0$，即 0 不可为除数（这种情况没有意义）.

这样一来，加、减、乘、除的运算法则在有理数的体系内（正整数、负整数、正分数、负分数）永远适用（当然，除数不可为 0），其运算结果，也永远不会落在有理数领域之外.

有理数的几何诠释

我们先来说说数轴(Number axis).

数轴是一条直线, 其上的每个点唯一地等同于一个数(实数).

在数轴上, 我们先选定一点作为 0, 然后把从 0 至 1 的一条线段标示出来, 这样便确立了从 0 至 1 这一段随意选择的长度作为单位长度.

正整数在 0 点的右侧, 负整数在 0 点的左侧, 它们都可用在数轴上的等距点表示出来. 为了表示以分母为 n 的分数, 我们把每一个单位长度平分成 n 等分, 各剖分点便代表了以 n 为分母的分数. 按这种方法处理每一个整数, 全部有理数都可由数轴上的点来代表. 这些点可以称为有理点(national poimts), 每个有理点代表一个有理数. 数轴上 0 左侧的有理点同数轴上 0 右侧的有理点与 0 一起, 组成有理数集.

用记号" $\subset$ "表示"包含于"这个意思, 我们可写出下面这个关系:

自然数集 $\subset$ 整数集 $\subset$ 有理数集.

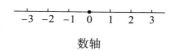

数轴

　　在数轴上，－3，－2，－1各自是3，2，1的镜面对称点；反之亦是．实际上，我们可以说，数轴上任意一点P，都可以在0的另一侧有一个镜面对称点$P*$．假如我们设P位于0的右侧，则$P*$被定义为负有理数．

有理数的大小关系与绝对值

在数轴上，如果"有理点" A 落在"有理点" B 的左边，则有理数 A 小于有理数 B，记作 $A < B$ 或 $B > A$. 这种情况下，$B - A$ 为正值.

如果 $A < B$，则位于 A 与 B 之间所有的点(数)皆是 $> A$ 和 $< B$. A、B 连同它们之间的各点，被称为线段，或区间，记作 $[A，B]$. "$[\ ]$"表示包含 A、B 的闭区间. 如果是 A、B 之间各点(不包含 A、B)则表示为 $(A、B)$，即一个不含 A、B 在内的开区间.

在数轴上，从 0 点(或叫原点)至 A 点的距离被叫作 A 的绝对值，表示为：

$$|A|$$

如果 $A \geqslant 0$，则 $|A| = A$；如果 $A \leqslant 0$，则有 $|A| = -A$.

如果 A 与 B 具有相同的正负号，即 A 点、B 点位于原点同侧，则方程式 $|A + B| = |A| + |B|$ 可被满足. 如 A 与 B 异号，则有 $|A + B| < |A| + |B|$. 结合以上两种情况，可得：

$$|A + B| \leqslant |A| + |B|.$$

例如：

设 $A = 2$，$B = 3$

则 $|A + B| = |2 + 3| = 5$

$|A| + |B| = |2| + |3| = 5$

$|A + B| \leqslant |A| + |B|$，

在 $A = 2$，$B = 3$ 时，显然成立，因为结果是 $5 = 5$.

例如：

设 $A = 2$，$B = -3$

则 $|A + B| = |2 + (-3)| = |-1| = 1$

$|A| + |B| = |2| + |-3| = 2 + 3 = 5$

$|A + B| \leqslant |A| + |B|$ 在 $A = 2$，$B = -3$ 时，显然也成立，因为结果是 $1 < 5$.

当 $A = -2$，$B = 3$ 时，$|A + B| \leqslant |A| + |B|$ 显然也是成立的.

可通约的线段

有两条线段 a 和 b，当 a 的长度是 b 的长度的整数倍时，可以用 b 的计量去表示 a 的计量；当 b 的长度是 a 的长度的整数倍时，可以用 a 的计量去表示 b 的计量.

假设以 a 作为"单位线段"，a 的 3 倍或者说 3 个"单位线段"的长度等于 b，则我们可以将 a 与 b 的关系写为 $b = 3a$. 在数轴上，我们可以将 a，b 表示如下：

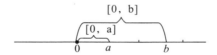

当然，线段 a、b 也可以不是以 0 为起点的线段 $[x, a]$、$[y, b]$.

当我们比较线段 a 与 b 的长短时，还可能出现 b 不等于 a 的整数倍的情况. 这时，我们可把 a 分成几个相等的线段，每个线段的长度都为 a/n，而某个整数 m 乘以线段 a/n 之后等于 b（m 个线段 a/n 等于线段 b 的长度），即：

$$b = \frac{m}{n}a.$$

当以 $b = \dfrac{m}{n}a$ 为形式的方程式适用于表示 a 与 b 的关系时，a 与 b 两个线段称为可通约，此时它们的公度量是线段 a/n，a/n 的 n 倍等于 a，a/n 的 m 倍等于 b. 在方程式 $b = \dfrac{m}{n}a$ 中，m、n 为整数，$n \neq 0$. 显然，所有可与线段 a 通约的线段的长度可用 $\dfrac{m}{n}a$ 表示出来.

如果我们选择单位线段 [0，1] 作为 a 的长度，那么能与单位线段通约的线段的长度必然等于 $\dfrac{m}{n}$，或者说该长度等于有理数 $\dfrac{m}{n}$，这一有理数必然对应于数轴上的有理点 $\dfrac{m}{n}$. 因此，所有可与单位线段 [0，1] 通约的线段，都可在数轴上表示出来，它们的一端对应数轴上所有的有理点 $\dfrac{m}{n}$. 比如，在下面的数轴上，有理数 $\dfrac{1}{2}$，$\dfrac{3}{2}$，$\dfrac{1}{6}$，$\dfrac{10}{6}$ 都有对应的有理点 $\dfrac{1}{2}$，$\dfrac{3}{2}$，$\dfrac{1}{6}$，$\dfrac{10}{6}$.

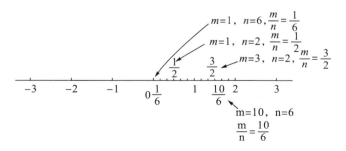

不可通约线段或无理数

数轴上所有的点是否都是有理点呢？从直觉上说，所有在数轴上的点似乎都是有理点，或者说，任何线段都一定可以与我们选定的单位线段通约．但实际情况并非如此.

古希腊的毕达哥拉斯学派注意到了不可通约线段的存在．该学派发现，按单位线段来指定任一线段的长度，就会出现不可通约线段.

在古希腊数学家欧几里得《几何原本》中，有一卷（第V卷）是关于比例论的．这一卷的内容多取材于古希腊数学家欧多克索斯的工作，以几何形式呈现了欧多克索斯的比例论（不可通约理论蕴含于其中），适用于一切可公度与不可通约的量．欧多克索斯的比例论已含有近代德国数学家理查德·戴德金（Richard Dedekind，1831～1916）的无理数论的思想萌芽.

假设线段 a、b 可通约，则 a/b 是一个有理数，但当 a、b 不可通约，古希腊的数学家欧几里得就不承认 a/b 是一个数，欧多克索斯的比例论实际上承认了不可通约的 a 与 b 当 a 比 b 时，a/b 是一个数．经过近代数学家戴德金、康托尔（Georg Cantor，1845~1918）、维尔斯特拉斯（Karl Weier-strass，1815~1897）等人的努力，精确的无理数理论被逐渐构建起来．现在，我们可以说，不可通约的线段相当于一个无理数．

毕达哥拉斯定理

在进一步探讨无理数之前，我们先来讲讲毕达哥拉斯定理.

毕达哥拉斯定理可简单表达为：设一直角三角形的三边长为 a、b、c，其中直角所对的斜边长是 c，则有 $a^2 + b^2 = c^2$. 或者，可以更简单地说：直角三角形的两条直角边的平方和等于斜边的平方.

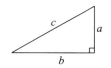

a、b 两边互相垂直，构成的夹角为直角（90°）. c 为斜边，则有：$a^2 + b^2 = c^2$.

在中国古代，把直角三角形叫作"勾股形"，直角边中较短的边叫作"勾"，另一较长的直角边叫作"股"，斜边叫作"弦". 中国古代数学家商高（公元前 11 世纪）提出"故折矩，勾广三，股修四，经隅五"的说法. 这一说法被记录在《周髀算经》中. 商高的这一说法后来被简单地说成"勾三，股四，弦（即经隅）五". 所以，这一说法在中国也叫勾股定理，或叫"商高定理".

公元3世纪时，中国数学家赵爽对记录于《周髀算经》中的勾股定理做出了详细注释，他的注释被记录于《九章算术》中. 赵爽的注释说："勾股各自乘，并向开方除之，即弦."

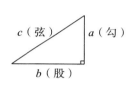

勾三，股四，弦五. "勾股各自乘，并而开方除之，即弦."

$\sqrt{a^2+b^2}=c$，其中 $a=3$，$b=4$，$c=5$ 时，是定理的表现之一.

毕达哥拉斯定理（勾股定理、商高定理）在被提出之后，产生了很多种证明方法.

下面我们来讲最简单的一种证明方法. 这种方法有点像孩子们玩的拼图游戏.

先做8个全等的三角形，使三角形的两条边 a、b 互相垂直，设三角形斜边为 c；也就是说，做8个全等直角三角形，它们的直角边长都是 a、b，斜边长都是 c.

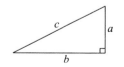

共做8个这样的直角三角形，它们完全一样（全等）.

再做三个边长分别为 a、b、c 的正方形.

113

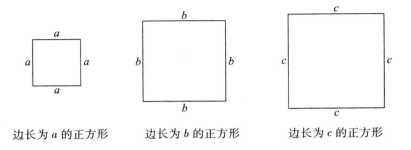

边长为 a 的正方形   边长为 b 的正方形   边长为 c 的正方形

然后，我们将 8 个直角三角形(它们是完全一样的全等三角形)和三个正方形(边长分别为 a、b、c)拼出如下两个正方形.

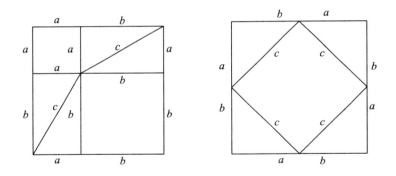

上面两个大正方形的边长都是 $a + b$，所以面积都等于 $(a + b) \times (a + b) = (a + b)^2$.

但是，我们现在不用 $a + b$ 这个边长求两个大正方形的面积. 我们用三角形和小正方形的面积之和来表示两个大正方形的面积.

左边的大正方形面积为：

$$a^2 + b^2 + 4 \times \frac{1}{2}ab,$$

右边的大正方形面积为：

$$c^2 + 4 \times \frac{1}{2}ab.$$

两个大正方形的面积相等，即：

$$a^2 + b^2 + 4 \times \frac{1}{2}ab = c^2 + 4 \times \frac{1}{2}ab,$$

等式两边分别消去 $4 \times \frac{1}{2}ab$，得：

$$a^2 + b^2 = c^2$$

毕达哥拉斯定理遂得证明.

在了解了毕达哥拉斯定理之后，我们回到"不可通约线段"或"无理数"问题上来.

"不可通约线段"可以在我们日常所见的简单图形中找到吗？答案是肯定的.

一个正方形的对角线和它的边就是不可通约的.

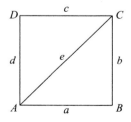

设正方形 *ABCD* 的四边分别为 a、b、c、d，则 $a = b =$

$c = d$，a、b、c、d 四条边与对角线 e 不可通约.

我们可以假设上面这个正方形的边长为单位长度，或者说 $a = b = c = d = 1$，而对角线 e 的长度设为 x.

其中，三角形 ABC（或记作 $\triangle ABC$）是一个直角三形，a、b 是两条直角边. 根据毕达哥拉斯定理，我们可知

$$x^2 = a^2 + b^2 = 1^2 + 1^2 = 2,$$

通过开方运算，我们可得

$$x = \sqrt{2}.$$

现在，我们要证明 $\sqrt{2}$ 不是一个有理数，或者说，我们要证明 $\sqrt{2}$ 是一个无理数.

我们先假设 x 与 1 可以通约，则可以有两个整数 p 和 q，p 和 q 没有分因子，使得 $x = p/q$.

因为 $x^2 = 1^2 + 1^2 = 2$（已知），

所以 $\left(\dfrac{p}{q}\right)^2 = 2$，

则有 $\dfrac{p^2}{q^2} = 2$，

$p^2 = 2q^2$

我们可以认定 $\dfrac{p}{q}$ 是最低项，因为任何分子与分母的公因子一开始便已被消去.

由于等式 $p^2 = 2q^2$，2 是 $(2q^2)$ 的一个因子，所以 p^2 是一个

偶数，则 p 本身也必是一个偶数(因为奇数的平方是奇数).

因为 p 是偶数，所以可表示为 $p=2r$.

把 $p=2r$ 代入 $p^2=2q^2$，可得：

$(2r)^2=2q^2$，

即：$4r^2=2q^2$，

$2r^2=q^2$

由于 2 是 $(2r^2)$ 的一个因子，所以 q^2 是一个偶数，q 也必是一个偶数.

这样一来，p、q 都是偶数，都可被 2 整除．这与我们先前的设定"p 和 q 没有公因子"是相矛盾的．所以 $p^2=2q^2$ 这一等式无法成立．也就是说 $x^2=2$ 这一等式中的 x 不是一个有理数．或者，也可以说，$\sqrt{2}$ 不是一个有理数.

由此可知，有理数(点)表定无法涵盖整个数轴，因为还有"不可通约的线段"(无理数)存在.

那么，怎么在数轴上找到 $\sqrt{2}$ 这个点(数)呢?

其实并不难．我们想象一下，将上面的正方形 ABCD (边长 $a=b=c=d=1$) 搬到数轴上，让顶点 A 落在原点 O 处，则顶点 B 必然落在数轴上数(点)1 的位置.

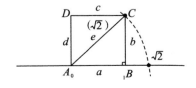

现在，我们用圆规来完成在数轴上找 $\sqrt{2}$ 的任务．我们可以将圆规的一个尖脚固定在原点 O，另一个尖脚落在顶点 "C"，转动圆规，使圆弧与数轴相交于一点，这个交点，就是 2 在数轴上的位置．显然，从原点 O 到点 $\sqrt{2}$ 的线段，长度等于正方形 $ABCD$ 的对角线 e 的长度 $\sqrt{2}$.

利用这种几何作图法，我们可以将很多与单位长度不可通约的线段构造出来，并且可以在数轴上从原点 O 开始标出这些线段的长度．这些线段的终点（它们的起始点在 O 点）就是无理点．无理点对应的数，就是无理数．由此，我们在数的体系中，引入了无理数体系.

利用毕达哥拉斯定理求
两点之间的距离

利用毕达哥拉斯定理，我们可以求两点间的距离．

我们先来建一个直角坐标系(或叫笛卡尔坐标系)．

在平面上画出相互垂直的定向数轴 x 轴和 y 轴，使它们具有相同的测度单位，它们相交的点称为原点 O，由此即建构出一个直角坐标系．如下图：

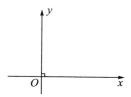

假设直角坐标系中有一点 P，我们将从原点 O 到点 P 的定向线段(或叫 P 的位置向量)垂直投影到 x 轴和 y 轴上，于是在 x 轴上得到定向线段 OP'，x 作为其始于原点 O 的定向线段的量值；将从原点 O 到点 P 的定向线段投影到 y 轴上，于是在 y 轴上得到定向线段 OQ'，y 是作为其始于原点 O 的定向线段的量值，x、y 这两个数被叫作点 P 坐标，记为 $P(x, y)$．如下图：

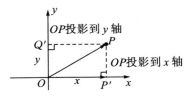

显然，如果 x、y 的数值被确立，那么以 x，y 为坐标的点 P 即被确定，且点 P 是独一无二的，记作 $P(x, y)$.

在直角坐标系中，如果有两点 $P_1(x_1, y_1)$ 和 $P_2(x_2, y_2)$，则我们可以根据毕达哥拉斯定理很快地求出它们之间的距离. 我们先在坐标中画出 $P_1(x_1, y_1)$ 和 $P_2(x_2, y_2)$. 如下图：

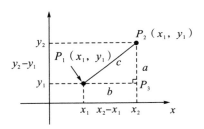

连接 P_1，P_2 两点得到线段 P_1P_2，P_1P_2 在 x 轴和 y 轴上的投影——定向线段 x_1x_2 和定向线段 y_1y_2 的长度分别为 $x_2 - x_1$，$y_2 - y_1$. 为做投影而画出的直线（虚线）P_1y_1 和 P_2x_2 垂直相交于点 P_3，由此构成一个直角三角线 $\triangle P_1P_2P_3$. 设直角三角线 $\triangle P_1P_2P_3$ 的直角边为 a、b，斜边为 c，

由毕达哥拉斯定理可知，$c^2 = a^2 + b^2$.

显然，$a = y_2 - y_1$，$b = x_2 - x_1$；因此，$c^2 = (y_2 -$

$y_1)^2 + (x_2 - x_1)^2$.

P_1 和 P_2 之间的距离 $c = \sqrt{(y_2 - y_1)^2 + (x_2 - x_1)^2}$.

*以上我们是在直角坐标系内求两点之间的距离，实际上，在更高维的空间中，利用毕达哥拉斯定理求两点之间的距离同样在理论上是有效的.

直角坐标系在一个平面上，则该坐标系中的点便被约束在二维空间中. 我们可以将"坐标为(a, b)的点"，说成是"(a, b)这个点". 也就是说，两个数确定了一个二维中的点. 按此逻辑推理，三个数意味着一个三维空间中确定一个点，我们可以说，"(a, b, c)这个点". 该点存在于三维空间中. 假设三维空间中有两个点(a, b, c)和(d, e, f)，则它们之间的距离是：

$$\sqrt{(d - a)^2 + (e - b)^2 + (f - c)^2}$$

也就是说，将这两点的对应坐标差的平方相加，然后求出平方根.

*理论上说，利用毕达哥拉斯定理可以求出任意维空间中两点的距离. 我们这样说，实际上是在定义距离的概念. 就物理实在而言，我们很难想象四维空间、五维空间和更高维空间中两个点的存在方式. 实际上，也没有什么物理实在会强迫我们按上述方法去求高维空间中两点的距离.

毕达哥拉斯三元数组 *

毕达哥拉斯定理可以用代数的方法表示出来的方程式是：

$$a^2 + b^2 = c^2,$$

其中 a、b 是直角三角形中的两条直角边的边长，c 是斜边的边长．任何符合 $a^2 + b^2 = c^2$ 这一方程式的三个数的组合被称为毕达哥达斯三元数组，或简称毕达哥拉斯数．

3，4，5 就是一个毕达哥拉斯三元数组．因为 $3^2 + 4^2 = 5^2$．5，12，13 也是一个毕达哥拉斯三元数组．因为 $5^2 + 12^2 = 13^2$．

显然，对于任意自然数 n，$3n$，$4n$，$5n$ 也是一个毕达哥拉斯三元数组．如 $n = 3$，则找到 9，12，15 这一毕达哥拉斯三元数组．可以说，这一组三元数组是 3，4，5 这个三元数组的倍数，或非原始的毕达哥拉斯三元数组．而 3，4，5 这一毕达哥拉斯三元数组可称作一个原始的毕达哥拉斯三元数组．

为了更加深刻地理解原始的和非原始的毕达哥拉斯三元数组，我们就方程式 $a^2 + b^2 = c^2$ 作一番讨论．

设 $a^2 + b^2 = c^2$ 成立，

则有 $\dfrac{a^2}{c^2} + \dfrac{b^2}{c^2} = 1$，

设 $x = \dfrac{a}{c}$，$y = \dfrac{b}{c}$，即 x，y 为有理数，

则有 $x^2 + y^2 = 1$，

可得 $y^2 = (1-x)(1+x)$，或 $\dfrac{y}{(1+x)} = \dfrac{(1-x)}{y}$，

设 $\dfrac{y}{(1+x)} = \dfrac{(1-x)}{y} = t$，$t$ 可以表示为 $\dfrac{u}{v}$ 的形式，

则有 $y = t(1+x)$，$1-x = ty$，或

$tx - y = -t$，$x + ty = 1$

从而可得

$x = \dfrac{1-t^2}{1+t^2}$，$y = \dfrac{2t}{1+t^2}$，

将 $t = \dfrac{u}{v}$ 代入 $x = \dfrac{1-t^2}{1+t^2}$，$y = \dfrac{2t}{1+t^2}$，

可得：$x = \dfrac{v^2 - u^2}{u^2 + v^2}$，$y = \dfrac{2uv}{u^2 + v^2}$，

从而：

$\dfrac{a}{c} = \dfrac{v^2 - u^2}{u^2 + v^2}$，$\dfrac{b}{c} = \dfrac{2uv}{u^2 + v^2}$，

因此有：$\begin{cases} a = (v^2 - u^2)r \\ b = 2uvr \\ c = (u^2 + v^2)r \end{cases}$

其中 r 是比例关系中的因子 $\left(\text{即 } r = \dfrac{c}{u^2 + v^2}\right)$，是有理数.

也就是说，当 a，b，c 是一个毕达哥拉斯三元数组，则 a 与 $v^2 - u^2$ 成正比，b 与 $2uv$ 成正比，c 与 $u^2 + v^2$ 成正比. 反之，如果某三元数组满足 $\begin{cases} a = (v^2 - u^2)r \\ b = 2uvr \\ c = (u^2 + v^2)r \end{cases}$

则这一个三元数组是一个毕达哥拉斯三元数组.

因为由 $\begin{cases} a = (v^2 - u^2)r \\ b = 2uvr \\ c = (u^2 + v^2)r \end{cases}$

可知：$\begin{cases} a^2 = (u^4 - 2u^2v^2 + v^4)r^2 \\ b^2 = (4u^2v^2)r^2 \\ c^2 = (u^4 + 2u^2v^2 + v^4)r^2 \end{cases}$

$$\begin{aligned} a^2 + b^2 &= (u^4 - 2u^2v^2 + v^4)r^2 + (4u^2v^2)r^2 \\ &= (u^4 - 2u^2v^2 + v^4 + 4u^2v^2)r^2 \\ &= (u^4 + 2u^2v^2 + v^4)r^2 \\ &= c^2 \end{aligned}$$

所以 a，b，c 是一个毕达哥拉斯三元数组.

我们注意到，在 $a = (v^2 - u^2)r$，$b = 2uvr$，$c = (u^2 + v^2)r$ 之中，都有一个因子 r，如果我们"消去"因子 r，可得：

$$\begin{cases} a = v^2 - u^2 \\ b = 2uv \\ c = u^2 + v^2 \end{cases}$$

实际上，以上这组公式就是生成原始的毕达哥拉斯三元数组的公式，其中，u 和 v 是任意正整数，$v > u$，$\gcd(v, u) = 1$，且其中一个是奇数，一个是偶数.

十进制小数和无尽小数

为了更好地理解无理数，我们先来讲一讲十进制小数．我们至今尚未好好讲过十进制小数呢.

也许从分数入手来理解十进制小数是个好办法.

一个分数，可以表示为：

$$\frac{a_1 a_2 \cdots a_m}{k^n},$$

其中，m 和 n 为正整数，a_1，a_2，$\cdots$，a_m 只能取 0，1，$\cdots$，$k-1$. 或者说，各 a 的值与 k 的值只是以数的符号来表示，其中 a_1，a_2，$\cdots$，a_m 取值只能为 0，1，$\cdots$，$k-1$. 这种形式的分数，可以称为"k 进制分数".

当 k 取值为 10 时，$\dfrac{a_1 a_2 \cdots a_m}{10^n}$ 被称为"十进制分数".

例如：$\dfrac{1358}{100}$，$\dfrac{27}{10000}$，$\dfrac{67800}{10000}$ 都是十进制分数.

十进制分数可以记为十进制小数．十进制小数的记数法是于 1593 年由德国天文学家克拉维乌斯（C. Clavius，1538～1612）提出的．他提出，一个十进制分数，可以先写出分子，然后用所谓的小数点记录分母中有多少个 0. 比如：$\dfrac{1358}{100}$的分子为 1358，因为分母中有两个 0，所以它可以表示为 *13.58*；$\dfrac{27}{10000}$可以表示为 0.0027；$\dfrac{67800}{10000}$可以表示为 6.7800.

　　类似 13.58、0.0027、6.7800 这种用小数点的方式写成的数称为"有限十进制小数或有尽(有穷)十进制小数"，或者简称为十进制小数.

　　十进制的小数位数，也就是小数点右边的数的个数，对应于十进制分数分母中 0 的个数．例如：13.58 表示对应的分数分母中有 2 个 0，0.0027 表示对应的分数分母中有 4 个 0，6.7800 表示对应的分数分母中有 4 个 0. 请注意，6.7800 这个小数有 4 个小数位.

　　十进制分数可以写成分母是 10^n 的形式，n 是分母中 10 的幂指数；在十进位小数中，小数的位数等于对应十进制分数的分母中 10 的幂指数．例如$\dfrac{1358}{10^2}$对应的十进制小数是 13.58，13.58 的小数位数是 2. 为记录$\dfrac{27}{10^4}$中的幂指数 4，在 27 左边添加 2 个 0，从而使十进制小数 0.0027 中的小数点在右边有 4 个小数位.

　　现在，我们用另一种形式来表示十进制小数．例如，我们可以把 10.12 写成 10.12 = 10 + 1/10 + 2/100 = 10 + 1 ×

$10^{-1} + 2 \times 10^{-2}$. 假设我们用 f 代表一个十进制小数，且这个十进制小数在小数点之后有 n 个小数位（在小数中表现 n 个数学符号），那么，f 的表达形式可以写成：

$$f = z + a_1 10^{-1} + a_2 10^{-2} + a_3 10^{-3} + \cdots + a_n 10^{-n}$$

其中 z 为十进制小数的整数部分，a_1，a_2，a_3，$\cdots$，a_n 只能在 0，1，2，$\cdots$，9 之中取值，分别表示十分之一、百分之一、$\cdots$，等各个位数（小数位）之值. 将 f 写成一个数的形式，就是：

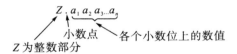

还以 10.12 为例，在这个十进制小数中，10 是整数部分，小数点"."之后小数位上分别是 1，2.

我们可以在数轴上找到 10.12 这个十进制小数. 首先，显然 10.12 位于线段或区间 [10，11] 之内，或者说是该区间内的一点.

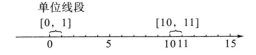

我们接着再将线段或区间 $[10,11]$ 十等分，则 10.12 必然落在区间 $[10.1,10.2]$ 之内.

我们继续将线段或区间 $[10.1,10.2]$ 十等分，显然，十等分后该线段分成的每个长度为 10^{-2} $(\frac{1}{100})$ 的线段是单位线段 $[0,1]$ 长度的百分之一. 现在，我们可以看到，10.12 落在线段或区间 $[10.12,10.13]$ 的始点之上，正如我们之前所说，线段 10.12 是与单位线段可通约的.

10.12 在数轴上的位置使我们可以更好地理解它的惯常形式(分数形式) $\frac{1012}{100}$ 或 $\frac{1012}{10^2}$.

因此，如果一个分数经过通分可以改写成 $\frac{p}{10^n}$ 的形式，则这个分数必然在数轴上有一个对应的十进制数的点；或者说，在数轴上不断分单位区间成十等分，一百等分，…的过程中，该分数(十进制小数)最终会落在一个次区间的始点.

但是，当一个分数的最低项分数(即分数 $\frac{p}{q}$ 的分子 p 和分母 q 没有公约数)的分母不能整除 10 的任何一个乘方，那么它就不能用有限十进制小数来表示，即无法以一个有限的 n 值在小数点之后被改写成一个十进制小数的形式，也无法写成 $\frac{p}{10^n}$ 的形式.

例如：$\frac{1}{3}$ 就不能写成 $\frac{p}{10^n}$ 的形式.

因为假设 $\frac{1}{3} = \frac{p}{10^n}$，

则有：$10^n = 3p$，

$10^n = 3p$ 意味着 3 是 10 的因子，而这显然不可能，所以 $\frac{1}{3} = \frac{p}{10^n}$ 的假设不成立.

我们会发现，如果要在数轴上把无法对应于一个十进制小数的任何一点 p 找出来，在细分单位区间成为十等分，一百等分，一千等分，…的过程中，p 点将永远不会落在一个次区间的起始点上，但它必然可以落在不断细分下去的一次区间之内，该区间左边的端点是有限十进制小数 $z.a_1a_2a_3\cdots a_{n-1}a_n$，右边的端点则是有限十进制小数 $z.a_1a_2a_3\cdots a_{n-1}(a_n+1)$，而该区间长度为 10^{-n}. 如果我们把这一不断细分区间成十等分，一百等分，一千等分，…的过程呈现出来，我们会发现不断细分得到 P 点存在其内的区间 I_1，I_2，I_3…中的后一个区间都被包含在它的前一个区间之内，而分别属于 I_1，I_2，I_3…的长度 10^{-1}，10^{-2}，10^{-3}，…则渐趋于零. 简单地说，P 点被包含在一个十进制区间的嵌套序列里面.

例如，如果 P 点是数轴上的 1/3（这是一个有理点），那么 P 点或者说有理点 1/3 显然落在区间 $[0.3, 0.4]$，$[0.33, 0.34]$，$[0.333, 0.334]$，…，$[0.333…33, 0.333…34]$ 之内；也就是说，13 大于 0.333…33，但小于 0.333…34，而它所对应的小数的数位数量要多至多少则是随意的；实际上，它所对应的小数的数位数量可以是无尽的. 换个角度说，有 n 个小数位的 0.333…33 是随着 n 的增加而趋于有理数（点）1/3，可以表示为：

$\dfrac{1}{3} = 0.333…$，出现在数字后面的点"…"表示小数是"无尽地"或"无穷地"延伸的.

无理数（点）$\sqrt{2}$ 的小数展开也是一个无限延伸的十进制小数. 显然，$\sqrt{2}$ 肯定在 1 和 2 之间，因为 $1^2 = 1$，小于 $\sqrt{2}$ 的平方（即 2），而 $2^2 = 4$，显然大于 2，所以 $\sqrt{2}$ 必在区间 $[1, 2]$ 的里面，如果我们一一计算 1.1^2，1.2^2，1.3^2，…，1.9^2，我们会发现 $1.4^2 = 1.96$ 小于 2，而 $1.5^2 = 2.25$ 大于 2；所以 $\sqrt{2}$ 肯定在 1.4 和 1.5 之间，或者说，$\sqrt{2}$ 在区间 $[1.4, 1.5]$

之内．也就是说，$\sqrt{2}$ 的小数展开的小数点右侧第一位数字一定是4，或者说，$\sqrt{2}$ 的小数展开一定是以1.4开头．

以前我们说过，一个数的平方根可以在"平方根表"中查到，实际上，我们也可以用下面这种方法算出来．

以求2的平方根为例．

第一步，先将被开方的数(比例中这个数是2)以小数点位置向左右两边每隔两位用逗号"，"分段．就数字2来说，可写成2.00，00，00，…(后面可以有无数个0)．

第二步，找出第一段数字的初商，使"初商的平方"不超过第一段数字，而"初商加1的平方"则大于第一段数字．本例中，第一段数字为2，初商为1，因为 $1^2 = 1 < 2$，而 $(1+1)^2 = 4 > 2$.

第三步，用第一段数字减去"初商的平方"，并将所得的差(本例中即为 $2-1=1$)平移到第二段数字下，将代表差的数字与移下的第二段数字(本例中为"00")合并组成(注意，不是加法)第一余数．在本例中，第一余数为100．

第四步，找出试商，使(20×初商＋试商)×试商不超过第一余数，而 $[20×初商＋(试商＋1)]×(试商＋1)$ 则大于第一余数．

第五步，把第一余数减去(20×初商＋试商)×试商，并移下第三段数字，组成第二余数，本例此环节中，初商为1试商为4，第2余数为400．

132

第六步，依照以上方法继续下去．在此例中，因为"2"之后的0是无穷的，所以不可能移完所有的段数，永远会有余数．若是其他情况，通过以上方法可以移完小数点后的所有段数，若最后余数为零，则开方运算便告结束．若余数永远不为零，则根据使用需要取某一精度的近似值．

最后，定小数点的位置．平方根的小数点位置应与被开方数的小数点位置对齐．

求 2 的平方根($\sqrt{2}$)的过程（算式）如下：

如果我们继续下去，我们可以得到精确度更高的 $\sqrt{2}$ 的小数展开形式，比如：

$$1.4142$$
$$1.41421$$
$$1.414213$$
$$1.4142135$$
$$1.41421356$$
$$\vdots$$

我们还会发现：

$$1^2 = 1$$
$$(1.4)^2 = 1.96$$
$$(1.41)^2 = 1.9881$$
$$(1.414)^2 = 1.999396$$
$$(1.4142)^2 = 1.99996164$$
$$(1.41421)^2 = 1.9999899241$$
$$(1.414213)^2 = 1.999998409469$$
$$(1.4142135)^2 = 1.99999982368225$$
$$(1.41421356)^2 = 1.9999999933878736$$
$$\vdots \qquad \vdots$$

在 $\sqrt{2}$ 的小数展开形式中，小数点后面的位数是无尽的，而且这一小数位数字序列中，各个数位大小值没有明星的规律，这是一个非循环的无尽十进制小数，或者说，是一个无限不循环十进制小数.

显然，如果在数轴上将单位线段不断细分成 10^n 等分，$\sqrt{2}$ 永远不会落在不断细分得到次区间的起始点上，但它会始终落在按这种方式不断得到的一个次区间之内.

至此，我们可以得到一个具有广泛性的定义：当任何一个数位为 n 的十进制小数无法代表某一点 P 时，我们可以说 P 相当于一个无限十进制小数 $z.a_1a_2a_3\cdots$；无论何时，就每一个 n 的取值而言，点 P 必落于一个长度为 $1/10^n$（或者说一个长度为 10^{-n}）、以 $z.a_1a_2a_3\cdots a_n$ 为起始点的区间之内.

如此一来，数轴上所有的点与一切有限十进制小数以及无限十进制小数的对应关系便得以确立. 有限十进制小数可被视为无限十进制小数的一种特殊情况，即在小数点后的末位数之后跟着无数个零. 整数则可被视为有限十进制小数的一种特殊情况，即小数点之后有无数个零. 无法代表有理数的那些无限十进制小数被称为无理数；而那些可以代表有理数的无限十进制小数（即无限循环十进制小数如 $0.333\cdots$）属于有理数.

有理数与无理数体系构成了数的连续统，或者说构成了全体实数.

无限循环十进制小数[*]

我们来看这样一些小数：

$$0.33333\cdots$$

$$0.16666\cdots$$

$$0.142857142857142857\cdots$$

$$0.09090909\cdots$$

$$0.285714285714285714\cdots$$

$$0.8888888\cdots$$

$$0.122222\cdots$$

$$0.1515151515\cdots$$

$$0.3322222\cdots$$

仔细看这些小数，可以发现它们的小数位在某个位置之后会无限地重复一个固定的数字段．例如：$0.33333\cdots$的小数点之后，数字段"3"不断循环出现；$0.16666\cdots$的小数位在"0.1"之后，数字段"6"不断循环出现；$0.285714285714285714\cdots$的小数点之后，数字段"285714"不断循环出现；$0.3322222\cdots$的小数位在"0.33"之后，数字段"2"不断循环出现．我们将上面这种小数叫作"无限循环十进制小数"．在它们的小数位中，一个连续重复的部分称为一个循环节．有时，为了简洁起见，我们用在数字段(那个连续重复的部分)上方加小横线的方法来表示循环节．例如：$0.33333\cdots$ 可以写为 $0.\overline{3}$；$0.332222\cdots$ 可以写为 $0.3\overline{2}$；$0.16666\cdots$ 可以写为 $0.1\overline{6}$；$0.285714285714285714\cdots$ 可以写为 $0.\overline{285714}$．

实际上，每个无限循环十进制小数都是有理数；或者说，都等于一个以 p/q 为形式的分数．

下面，我们从简单的例子开始证明每个无限循环十进制小数都是(等于)一个分数．

我们先以 $0.\overline{8}$ 为例．

根据分配律可知：$10\times0.\overline{8}-1\times0.\overline{8}=(10-1)\times0.\overline{8}$

因为：$10\times0.\overline{8}=8.8888\cdots$

$$=8+0.8888\cdots$$

$$=8+0.\overline{8}$$

$$=8+(1\times0.\overline{8})$$

从而：$10\times0.\overline{8}-1\times0.\overline{8}=8$

即：$\quad(10-1)\times0.\overline{8}=8$

即：$\quad 9\times0.\overline{8}=8$

因此：$\quad 0.\overline{8}=\dfrac{8}{9}$

我们再以 $0.332222\cdots(0.33\overline{2})$ 为例，证明它也是等于

一个分数.

因为：$0.332 = 0.33 + 0.002$

$$= \frac{33}{100} + 0.2 \times 10^{-2}$$

$$= \frac{33}{100} + 0.2 \times \frac{1}{100}$$

所以：我们只要找出 0.2 对应的分数，就可证明 0.332 等于某个分数.

因为：$10 \times 0.\overline{2} = 2.2222\cdots$

$$= 2 + 0.2222\cdots$$

$$= 2 + 0.\overline{2} = 2 + (1 \times 0.\overline{2})$$

从而：$10 \times 0.\overline{2} = 2 + (1 \times 0.\overline{2})$

$(10 - 1) \times 0.\overline{2} = 2$

$$0.\overline{2} = \frac{2}{10 - 1} = \frac{2}{9}$$

现在把 $0.2 = \frac{2}{9}$ 代入 $\frac{33}{100} + 0.2 + \frac{1}{100}$，可得：

$0.332 = \frac{33}{100} + 0.2 \times \frac{1}{100}$

$$= \frac{33}{100} + \frac{2}{9} \times \frac{1}{100} = \frac{33}{100} + \frac{2}{900}$$

$$= \frac{297}{900} + \frac{2}{900}$$

$$= \frac{299}{900}$$

至此，我们证明了 $0.33\overline{2}$ 和 $0.\overline{8}$ 是有理数，它们各等于分数 $\dfrac{299}{900}$，$\dfrac{8}{9}$. 但是，我们依然没有证明所有的无限循环十进制小数是有理数(或等于分数). 显然，我们需要有更具普遍性的证明方式来完成这一证明任务.

下面，我们还以 $0.33\overline{2}(0.33222\cdots)$ 为例来推出普遍性的证明方式.

我们现在将 $0.332222\cdots$ 写成完全展开形式.

$0.332222\cdots$

$= 10^{-2} \times 33 + 10^{-3} \times 2 + 10^{-4} \times 2 + 10^{-5} \times 2 + \cdots$

$= 10^{-2} \times 33 + 10^{-3} \times 2 \times 1 + 10^{-3} \times 2 \times 10^{-1} + 10^{-3} \times 2 \times 10^{-2} + \cdots$

$= 10^{-2} \times 33 + 10^{-3} \times 2 \times (1 + 10^{-1} + 10^{-2} + \cdots)$

$= \dfrac{33}{100} + \dfrac{2}{1000} \times (1 + 10^{-1} + 10^{-2} + \cdots)$

显然，我们只要证明 $(1 + 10^{-1} + 10^{-2} + \cdots)$ 是一个分数，就等于证明了 $0.332222\cdots$ 等于某一个分数.

我们可以发现，凡是无限循环十进制小数可以表示为

$p = z.a_1 a_2 \cdots a_m b_1 b_2 \cdots b_n b_1 b_2 \cdots b_n \cdots$，或 $p = z \cdot a_1 a_2 \cdots a_m \overline{b_1 b_2 \cdots b_n}$.

如果我们设定 B 代表小数循环部分(即设 $0.b_1 b_2 \cdots b_n = B$)，则 P 可被写成：$P = z.a_1 a_2 \cdots a_m + 10^{-m} \times B \times (1 + $

$10^{-n} + 10^{-2n} + 10^{-3n} + \cdots)$

其中，$(1 + 10^{-n} + 10^{-2n} + 10^{-3n} + \cdots)$ 是一个无穷几何级数，我们只要证明它等于一个分数，就可进一步证明 P 为一个分数.

实际上，我们确实可证明 $(1 + 10^{-n} + 10^{-2n} + 10^{-3n} + \cdots)$ 等于一个分数，即 $1 + 10^{-n} + 10^{-2n} + 10^{-3n} + \cdots = 1/(1 - 10^{-n})$，而 $1/(1 - 10^{-n})$ 显然是一个分数形式.（关于这一证明过程，我们有必要单独来讲.）

因此，$P = z.a_1 a_2 \cdots a_m + 10^{-m} \times B \times (1 + 10^{-n} + 10^{-2n} + 10^{-3n} + \cdots)$

$= z.a_1 a_2 \cdots a_m + 10^{-m} \times B \times 1/(1 - 10^{-n})$

无限循环十进制小数 P 等于一个分数.

极限和无穷几何级数**

我们可以把一个有限十进制小数 P 记为:

$P = z. \ a_1 a_2 \cdots a_n$($a_1$,$a_2$,$\cdots$,$a_n$ 在 0,1,2,$\cdots$9 中取值),或者说,有限十进制小数 P 可以定义为:

$$P = z + \frac{a_1}{10} + \frac{a_2}{10^2} + \cdots + \frac{a_n}{10^n},$$

其中,z 为自然数,a_1,a_2,$\cdots$,a_n 在 0,1,2,$\cdots$9 中取值.

对于无限十进制小数,我们可以"记"为:

$$P = z + \frac{a_1}{10} + \frac{a_2}{10^2} + \cdots + \frac{a_n}{10^n} + \frac{a_{n+1}}{10^{n+1}} + \cdots,$$

其中,a_1,a_2,$\cdots$中可能有无限个不等于 0. 要注意的是,上面这种 $P = z + \dfrac{a_1}{10} + \dfrac{a_2}{10^2} + \cdots + \dfrac{a_n}{10^n} + \dfrac{a_{n+1}}{10^{n+1}} + \cdots$ 的"记"法,如果说成是"无限多个数求和"是没有意义的,求和仅仅对于有限多个数才有意义.

但是,我们因此可以构造出一个有限十进制小数的无

穷序列 S_1，S_2，S_3，…，如下：

$$S_1 = z.\,a_1,$$

$$S_2 = z.\,a_1 a_2,$$

$$S_3 = z.\,a_1 a_2 a_3,$$

$$\vdots$$

$$Sn = z.\,a_1 a_2 a_3 \cdots a_n,$$

$$\vdots$$

无穷序列 S_1，S_2，S_3，…可记为 $\{S_n\}$。

实际上，$\{S_n\}$ 不一定是一个有限十进制小数构成的序列，它可以是任意一个无穷序列．当 n 趋向于无穷大时，S_n 与数轴上的某个数 S 的距离会越来越小，数 S 称为 S_n 的极限．随着 n 趋向于无穷大而 S_n 向 S 靠近的情况，我们也称为序列 S_n 收敛到 S。

现在，我们可以深深吸一口气，为自己鼓一下掌，因为我们引入了一个非常重要的概念：极限．其中，已包含了高等数学的思想．这对以后的数学学习至关重要．

为了对"极限"有更深刻地理解，我们来看下面这样一个例子．

假设我们把单位区间两等分，然后再将两等分中的一半再两等分，如此不断将两等分后得到的区间继续两等分下去，直至得到最小区间长度为 $\dfrac{1}{2^n}$，n 值可大至任何程度，

然后我们把所有经平分之后的区间(除去最后的一个半等分)加起来,由此得到:

$$S_n = \frac{1}{2} + \frac{1}{4} + \frac{1}{8} + \frac{1}{16} + \cdots + \frac{1}{2^n},$$

如果 n 最终取一个确定值,那么我们可以说 S_n 是"1/2,1/4,1/8,1/16…1/2^n"的和,它与 1 的差是 1/2^n. 但是,假如 n 是无限地增大,S_n 与 1 的差值会无限地变小,或者说会趋于零. 这种情况下,我们说 S_n 等于无数个数求和是没有意义的,说 n 等于无穷大则 S_n 与 1 的差值等于零也是没意义的.

针对这种情况,我们可认说有一个无穷序列 $\{S_n\}$,当 n 趋于无穷大,S_n 的极限或极限值是 1,或者,可以更具体地表述为:

1 等于无穷序列 $\{S_n\}$($S_1 = 1/2$,$S_2 = 1/2 + 1/2^2$,$S_3 = 1/2 + 1/2^2 + 1/2^3$,$\cdots S_n = 1/2 + 1/2^2 + 1/2^3 + \cdots + 1/2^n$,$\cdots$)随着 n 趋向于无穷大时的极限值.

上面这个表述的一个简略的数学表述方式是:

$$1 = 1/2 + 1/2^2 + 1/2^3 + 1/2^4 + \cdots,$$

我们有时还用一种更抽象的极简表达:

随着 $n \to \infty$,$S_n \to 1$

在这一符号化的表达中，符号"∞"表示"无穷"，符号"→"表示"趋向于"的意思．

我们可以看到，在等式 $1 = 1/2 + 1/2^2 + 1/2^3 + 1/2^4 + \cdots$ 的右边，是一个无穷几何级数．

我们来看另一个例子．

假设某一个数 q，它小于 1 但大于 -1，即 $-1 < q < 1$，比如 $q = 1/3$ 或 $q = -1/2$，那么 q 的各个相继乘方

$$q, \quad q^2, \quad q^3, \quad q^4, \quad \cdots q^n, \quad \cdots,$$

将随着 n 的增加而趋于 0，或者说向 0 收敛．如果 q 取负值，则 q^n 将从正负两边向 0 收敛．

比如：如 $q = -\dfrac{1}{2}$，

则：$q^2 = \dfrac{1}{4}$，$q^3 = -\dfrac{1}{8}$，$q^3 = \dfrac{1}{16}$，$\cdots$，

可以看到，随着 n 的增大，当 $q = -\dfrac{1}{2}$ 时，q^n 从正负两边向 0 收敛．

因此，对于 $q, q^2, q^3, q^4, \cdots q^n, \cdots$，随着 $n \to \infty$，$q^n \to 0$，其中 $-1 < q < 1$．

我们接着来用严格的证明来巩固上面这一论断．

假设 $-1 < q < 1$，我们先来看 $0 < q < 1$ 的情况．

假设 q 是介于 0 与 1 之间的任何一个确定的数，如 $\dfrac{9}{10}$，

我们都可找到一个数 $p(p>0)$，使得 $q=\dfrac{1}{1+p}$. 如，当 $q=\dfrac{9}{10}$ 时，可找到 $p=\dfrac{1}{9}$，使得 $q=\dfrac{1}{1+p}$，即 $\dfrac{9}{10}=\dfrac{1}{1+\dfrac{1}{9}}$.

因此，由 $q=\dfrac{1}{1+p}$ 可得：

$$\frac{1}{q}=1+p\,(p>0,\ \text{同时}\ 0<q<1)$$

将该等式左右两边进行乘方，可得：

$$\frac{1}{q^{n}}=(1+p)^{n}\,(p>0,\ \text{同时}\ 0<q<1)$$

而我们知道，不等式 $(1+p)^{n}\geqslant 1+np$ 在 $p>-1$、n 为正整数的情况下都成立，当 $p>0$ 时，该不等式显然成立.

关于不等式 $(1+p)^{n}\geqslant 1+np\,(p>-1$，$n$ 为正整数) 的证明利用数学归纳法可以证明：

假设 $(1+p)^{r}\geqslant 1+rp$ 成立，r 为正整数，在不等式两边乘以 $(1+p)$ 可得：

$$(1+p)^{r}\times(1+p)\geqslant(1+rp)(1+p)$$

即：$(1+p)^{r+1}\geqslant 1+rp+p+rp^{2}$

因 rp^{2} 显然是非负项，删去该项只会加强上面不等式的不等式 (因为 $1+rp+p\leqslant 1+rp+p+rp^{2}$)，因此：

$$(1+p)^{r+1}\geqslant 1+rp+p$$

即：$(1+p)^{r+1}\geqslant 1+(r+1)p$

而当 $r=1$ 时, $(1+p)^1 \geqslant 1+p$ 显然成立(即 $1+p=1+p$).

所以, 不等式 $(1+p)^n \geqslant 1+np$ 对于每个整数 n 显然成立, 其中 $p > -1$.

因此, 从 $\dfrac{1}{q^n}=(1+p)^n$ $(p>0, 0<q<1)$ 可得:

$$\frac{1}{q^n}=(1+p)^n \geqslant 1+np$$

在该不等式的右边去掉 1, 只会加强不等性, 于是可得:

$$\frac{1}{q^n} > np$$

因 $p>0$, n 为正整数, 显然:

$$0 < q^n < \frac{1}{np}$$

或可写为:

$$0 < q^n < \frac{1}{p} \times \frac{1}{n}$$

因此, q^n 可以被视为被包含于区间 $(0, \dfrac{1}{p} \times \dfrac{1}{n})$ 之内, 而由于 p 是一个确定值, 则 $\dfrac{1}{p} \times \dfrac{1}{n}$ 随着 n 的无限增大而趋于零, 即 $n \to \infty$, $\dfrac{1}{p} \times \dfrac{1}{n} \to 0$, 这便使得 $q^n \to 0$ 变得更加明显.

如果 $-1 < q < 0$，我们便可找到一个数 p，使得 $q = -\dfrac{1}{(1+p)}$，同样可证得 $q^n \to 0$.

现在我们来看几何级数：

$$S_n = 1 + q + q^2 + q^3 + \cdots + q^n,$$

在等式两边同时乘以 q，可得：

$$qS_n = q + q^2 + q^3 + q^4 + \cdots + q^{n+1},$$

将上面两个等式的左右两侧分别相减，可得：

$$S_n - qS_n = 1 - q + q - q^2 + q^2 - q^3 + q^3 - q^4 + \cdots + q^n - q^{n+1}$$

$$= 1 + (-q + q) + (-q^2 + q^2)$$
$$+ (-q^3 + q^3) + \cdots + (-q^n + q^n) - q^{n+1}$$
$$= 1 - q^{n+1},$$

于是，可得：

$$Sn = \frac{1 - q^{n+1}}{1 - q} = \frac{1}{1 - q} - \frac{q^{n+1}}{1 - q}$$

之前，我们已证得当 $n \to \infty$，$q^n \to 0$，其中，$-1 < q < 1$. 很显然，当 $n \to \infty$ 时，$q^{n+1} = q \times q^n$ 因 $q^n \to 0$ 而趋于 0，即 $q^{n+1} \to 0$.

因此，我们可以知道，当 $n \to \infty$，$\dfrac{q^{n+1}}{1-q} \to 0$. 进而可以推出以下极限关系：

当 $n \to \infty$，$S_n \to \dfrac{1}{1-q}$，其中 $-1 < q < 1$，所以有：

$$1 + q + q^2 + q^3 \cdots = \dfrac{1}{1-q}, \text{ 其中 } -1 < q < 1.$$

例如，当 $q = \dfrac{1}{2}$ 时，

$$1 + q + q^2 + q^3 \cdots = 1 + \dfrac{1}{2} + \dfrac{1}{2^2} + \dfrac{1}{2^3} + \cdots$$

$$= \dfrac{1}{1 - \dfrac{1}{2}}$$

$$= 2$$

注意，当我们将无穷几何级数

$\dfrac{1}{2} + \dfrac{1}{2^2} + \dfrac{1}{2^3} + \cdots = 1$ 代入 $\dfrac{1}{2} + \dfrac{1}{2^2} + \dfrac{1}{2^3} + \cdots$ 同样可得 $1 + 1 = 2$

在讲无限循环十进制小数时，我们曾论说，无限循环十进制小数都是有理数，都可写成分数形式，因为，无限循环十进制小数

$$P = z.a_1 a_2 \cdots a_m + 10^{-m} \times B \times (1 + 10^{-n} + 10^{-2n} + 10^{-3n} + \cdots)$$

$$= z.a_1a_2\cdots a_m + 10^{-m} \times B \times \frac{1}{1-10^{-n}}$$

如今，我们已经证明

$$1 + 10^{-n} + 10^{-2n} + 10^{-3n} + \cdots = \frac{1}{1-10^{-n}}$$

（即 $1 + q + q^2 + q^3 + \cdots = \dfrac{1}{1-q}$，当 $q = 10^{-n}$ 时）

因为 $\dfrac{1}{1-10^{-n}}$ 显然是个分数（或有理数），所以 $z.a_1a_2\cdots$

$a_m + 10^{-m} \times B \times \dfrac{1}{1-10^{-n}}$ 必然是一个分数或有理数.

例如：证明 $0.999999\cdots$（或 $0.\overline{9}$）为有理数

因为 $0.999999\cdots = \dfrac{9}{10} + \dfrac{9}{10^2} + \dfrac{9}{10^3} + \dfrac{9}{10^4} + \cdots$

$$= \frac{9}{10} \times \left(1 + \frac{1}{10} + \frac{1}{10^2} + \frac{1}{10^3} + \frac{1}{10^4} + \cdots\right)$$

$$= \frac{9}{10} \times \frac{1}{1 - \dfrac{1}{10}}$$

$$= \frac{9}{10} \times \frac{1}{\dfrac{9}{10}}$$

$$= \frac{9}{10} \times \frac{10}{9}$$

$$= 1$$

无理数的普遍定义 **

如前所述，十进制整数可以看成是十进制小数的特殊情况，即小数部分为 0；有限十进制小数可以看作是无限十进制小数的特殊情况，即小数点后的末位数之后跟着无数个 0.

因此，我们可以说，数的连续统或全体实数构成的实数系数可以看成是全部的无限十进制数.

我们也已经证明无限循环十进制小数都是有理数，而无限不循环十进制小数则是无理数．关于无理数的这个定义显然还难以具有普遍性，因为十进制当然不是唯一可采用的系统逻辑．如果要给出一个关于无理数的较为普遍的定义，则需要脱离以 10 为基底的特殊参考体系．因此，要给全体实数下一个普遍性定义，也要脱离以 10 为基底的十进制系统的逻辑.

下面，我们试着来给出关于实数和无理数的较为普遍的定义.

之前，我们已经提到过十进制区间的嵌套序列．现在，我们给出关于嵌套区间序列更具普遍性的表述：

任何一个由各区间 I_1，I_2，I_3，$\cdots I_n$，$\cdots$所组成的序列，各区间在数轴上的端点都是有理点（有理数），且每一个区间都被包含在前一个区间之内，第 n 个区间 I_n 的长度由于 n 的增大而趋近于 0，这样的一个序列称为嵌套区间序列．显然，I_n 的长度可以小至 10^{-n}，也可以小至 2^{-n}.

在此基础上，我们可以用公设的形式说：对应于由嵌套区间组成的每一个序列，在数轴上就恰好有那么精确的一点被包含在该序列所有的区间里面．因为，随着嵌套序列的区间 I_1，I_2，I_3，$\cdots I_n \cdots$的区间长度趋向于一个极限（趋近于 0），数轴上不同的两点不可能一起被容纳于任何一个比它们之间的距离更小的区间内．否则，数轴上的点就无法构成数的连续统．按上述公设，对应每一个嵌套序列，在数轴上被包含在该序列所有区间内的那个精确的点被定义为一个实数；如果该点不代表一个有理数，则它便被称为一个无理数．这样一来，我们便在数轴上建立了点与实数之间的完整的对应关系.

需要指出的是，说嵌套序列中以有理点为端点的每个区间内所包容的那精确的一点存在于数轴上，是一个基本的几何公设．正是基于这一基本公设，从纯逻辑形式的观点来看，可以将无理点定义为它所代表的是某个嵌套有理区间序列（即以有理点为端点的区间所组成的嵌套区间序

151

列).

更直观地说，一个无理点可以用区间长度趋向于 0 为特征的一个嵌套有理区间序列来描述.

对无理点的这种描述方式，超越了(或者说摆脱了)无理点的"本体"，而强调了(或者说揭示了)其有意义的存在方式.

由于无理数可以被定义为有理区间的嵌套序列，所以在有理数领域内已经被确定的算术规律可以被证明同样适用于无理数的领域. 如此一来，我们对数学的理解和应用将推进到一个新的层次；更为广阔的数学世界也可因此而呈现.

参考文献

［德］埃伯哈德·蔡德勒等编，李文林等译，《数学指南：实用数学手册》，科学出版社，2012 年版.

［中］陈景润著，《初等数论》，哈尔滨工业大学出版社，2012 年版.

［英］蒂莫西·高尔斯著，刘熙译，《数学》，译林出版社，2014 年版.

［英］G. H. Hardy，E. M. Wright 著，张明尧，张凡译，《数论导引》（第 5 版），人民邮电出版社，2008 年版.

［古希腊］欧几里得著，兰纪正，朱恩宽译，梁宗巨等校订，《几何原本》，译林出版社，2011 年版.

［美］瑞赫德·库兰特，贺伯特·罗宾斯，伊恩史都华著，容士毅译，许秀聪校阅 .《数学是什么》，左岸文化事业有限公司，2010 年版.

［中］《数学手册》编写组编，《数学手册》，高等教育出版社，1979 年版.

［英］Timothy Gowers 主编，齐民友译，《普林斯顿数学指

南》，科学出版社，2014 年版.

［美］伍鸿熙（Hung‑Hsi Wu）著，赵洁，林开亮译，《数学家讲解小学数学》，北京大学出版社，2016 年版.

［英］罗素著，晏成书译，《罗素文集·第 3 卷，数理哲学导论》，商务印书馆，2012 年版.

［瑞士］欧拉著，张延伦译，《无穷分析引论》，哈尔滨工业大学出版社，2013 年版.

［德］高斯著，潘承彪，张明尧译，《算述探索》，哈尔滨工业大学出版社，2011 年版.